Sélongbanou
Paris 16.12.2002

LE TEMPS DE L'EXIL

SHMUEL TRIGANO

LE TEMPS DE L'EXIL

MANUELS PAYOT

106, boulevard Saint-Germain – 75006 Paris
ISBN : 2-228-89366-8
ISSN : 1281-5888

À mes enfants, en témoignage d'une vie

INTRODUCTION

L'exil s'abat sur un homme avec la soudaineté de la tempête. Elle vient le débusquer là où il se trouve, immergé dans l'inertie de l'existence et de l'évidence, pour l'en sortir avec violence. Cette brutalité est à la mesure de l'insouciance que cet attachement ébranle à jamais. Avant de connaître l'exil, en dehors de l'exil, l'homme ne se sait pas exister en effet. Il existe et son existence se suffit à elle-même comme s'il était le fruit d'une sécrétion naturelle ou le produit d'un terroir, d'une culture, d'une tradition familiale... Il ne s'appartient pas, même s'il vit comme si tout lui appartenait, au point de faire corps avec son monde. L'exil vient rompre cette relation d'identité de l'individu avec son milieu. Fracture, déracinement, souffrance, une vie entière, la vie « d'après », ne suffira pas à méditer et à comprendre ce moment de cassure, le

« moment » absolu, un instant dans lequel se recroqueville l'essentiel, l'essence même de l'existence et de la subjectivité. Dans cette perspective, l'exil pourrait bien être défini comme une rupture passive. Rupture il y a, dissociant à jamais l'avant de l'après de ce moment fatidique, et dont la perte de la terre, l'effacement des repères quotidiens, la ruine des habitudes mesureront par la suite la profondeur. Mais rupture venant toujours du dehors pour la conscience, ni voulue ni recherchée par l'exilé qu'elle accable comme par fatalité.

Il y a autant de figures de l'exil que de modalités de cassure. La plupart du temps, c'est toute une collectivité qui se voit projetée dans l'exil. Des bouleversements historiques et politiques ou écologiques – mais c'est plus rare – chassent une population des lieux où elle est établie depuis des temps immémoriaux, dépouillant les individus du magma de la socialité pour les dévoiler dans leur solitude enfouie. Depuis le XIXe siècle, la pénurie économique a frappé de nombreux groupes humains, poussés par la force des choses à se répandre aux quatre coins de la planète pour survivre. Forme insidieuse de l'exil, exil rampant qui ne se connaît pas comme tel immédiatement parce qu'il semble relever du choix volontaire des candidats à l'émigration économique et non pas de cette fatalité qui fait qu'à un certain moment il *faut* partir. Plus dure et plus longue sera, dans ce cas, la prise de conscience de l'exil... L'exil peut être aussi l'effet d'une « grâce » individuelle, rarissime il est vrai, comme pour l'Abraham biblique entendant une voix lui enjoignant de partir : « *Va-t'en de ton pays, de ta patrie, de la maison de ton père et va vers le pays que je t'indiquerai* » (Gn. 12, 1), comme pour le philosophe socratique également, soumettant les vérités premières à un questionnement radical ravageur et se retrouvant, de ce fait, seul, exilé parmi les hommes.

Dans ce type d'exil, un individu seul, élu entre tous, connaît l'exil au sein même de la socialité. Mais la grâce abrahamique ou la faculté philosophique ne sont pas indépendantes de la situation historique. Pour l'éthique socratique, c'est la corruption de la cité qui pousse un individu au questionnement critique. Pour la conscience monothéiste, c'est l'état d'amoralité de la civilisation qui motive un appel divin dont la finalité est de sauver l'humanité. Abraham a, certes, l'oreille suffisamment fine pour entendre la Voix et assez de volonté pour quitter Babel, mais il est surtout et avant tout passivement exposé à l'injonction divine.

N'y aurait-il que la fatalité (les événements extérieurs) ou l'appel divin pour jeter les hommes dans l'exil ? L'exil ne serait alors qu'une exception à la norme, malgré sa récurrence dans l'histoire. D'où viendrait alors l'émotion – ou l'horreur – que son évocation soulève auprès de ceux qui ne l'ont pas connu ? Comment s'expliquerait l'angoisse que suscite l'exilé chez l'enraciné ? C'est qu'au fond l'exil constitue, de façon presque insensible (ou qui ne se reconnaît pas elle-même dans les termes de l'exil), une expérience intime propre à tout homme, qu'il se soit retrouvé ou non sur ses routes éprouvantes. Le déroulement de l'existence ne condamne-t-il pas en effet chaque individu à un exil plusieurs fois réitéré ? Son identité n'est jamais assurée une fois pour toutes : les différents âges de la vie qu'il traverse – sans pouvoir y échapper – sont autant d'exils successifs qui l'obligent à se départir sans cesse de lui-même, à abandonner les dépouilles d'une identité pour s'installer dans une autre, à faire le deuil cyclique de ce qu'il a été. La mort n'a-t-elle pas pour les vivants le goût de l'exil suprême où la conscience de soi semble poussée impérativement à quitter le lieu de la chair qu'elle a animée durant toute une vie et où elle s'est reconnue ? Sous cet aspect-là, la mort nous renvoie aussi à la naissance qui a toute l'apparence d'une expulsion au-dehors du sein maternel. L'exil apparaît, ainsi, sous ce jour inattendu, comme une condition qui « fait corps » – c'est un paradoxe pour une expérience de séparation – avec l'existence, quoi qu'en pensent les « enracinés ». L'exil, comme condition imposée par les circonstances historiques, ne ferait ainsi que révéler à ceux qu'il terrasse la réalité oubliée de la condition humaine, en la dévoilant à ceux qui y assistent en spectateurs et qui n'auront de cesse que de la tenir à distance et de la refouler dans leur inconscient. Au cœur de l'existence, il y a une souffrance, sans laquelle on n'est pas mais qui mine la conscience d'être. L'exil en est l'épreuve cardinale.

D'où peut venir cette souffrance ? La passivité dans laquelle nous trouve l'exil ou l'existence (on naît « passivement », on subit la naissance comme la mort) nous indique sa signification. Nous est-il une épreuve plus insupportable que celle de la passivité ? Si nous y sommes nés, nous sommes en effet avant tout des êtres de volonté, d'action, d'ambition sans limites. La confrontation avec ce qu'est notre origine, condition de notre développement et de notre éclipse finale, ne peut que nous apparaître odieuse et monstrueuse et c'est comme si nous en portions la plaie de façon permanente. Et pourtant, ce paradoxe d'une volonté – apanage de l'humanité – née et nourrie d'une passivité devrait nous conduire à une réflexion plus approfondie. Y aurait-il un rapport intrinsèque entre cette passivité originelle et la volonté humaine ?

Il faut méditer la rupture que constitue l'exil pour comprendre ce paradoxe. La passivité qu'elle induit pourrait ne pas être pensée par rapport au passé que l'exil vient fracasser. Alors, effectivement, le condensé de l'existence vécue se verrait brisé passivement dans la tornade de l'exil et l'homme n'aurait plus qu'à rassembler, dans un sentiment tragique, les vestiges de son bonheur révolu. Elle peut être envisagée également dans son rapport au futur car le temps ne s'arrête pas avec l'exil. L'exilé survit à la séparation. Sous ce jour, la cassure de l'exil est éclairée d'une lumière rare et fragile que ne soupçonnent ni ses acteurs ni ses spectateurs : elle se manifeste alors comme un commencement, la chose et le temps le plus difficile à concevoir pour une conscience humaine. Rare est la conscience du commencement ! Toute existence repose en effet sur ce qui la précède – du moins est-ce le sentiment le plus partagé. Nous sommes sûrs de ce que nous sommes, de nos héritages, de nos traditions, de nos ancêtres. Rares sont ceux qui oseraient penser leur identité sans s'appuyer sur de telles assurances. De ce point de vue, rien ne « commence » jamais. Tout est produit d'une transmission prise dans une continuité très longue et la vie, un passage de relais infini. L'exil viendrait briser cette ligne droite : perte de relais, de l'objet de la transmission que l'exilé n'est plus en mesure de recevoir pour le transmettre à nouveau.

Avec l'exil, un tournant radical est vécu : ou bien l'exilé se perd corps et biens avec la dislocation de la ronde de la transmission, ou bien il se fait commencement d'une transmission à venir, se haussant à la hauteur d'un héros, inaugurant une histoire nouvelle. C'est bien dans cette aura que nous apparaît l'Abraham du « *Va-t'en !* ». Ce commencement plane au-dessus du vide que l'exil ouvre

dans les terres habitées de la civilisati
pourrait bien s'avérer n'être qu'un
consompteur... Aussi est-ce pourquoi l'exilé est héroïque : il résiste au néant toujours en puissance dans l'exil. Le commencement est ainsi spontanément ce qui s'oppose au néant, ce qui produit du surgissement, de l'être, dans le vide, là où il n'y a (encore/plus) rien. Le moment de l'*ex nihilo*, au fondement de la conception monothéiste de la création, reflète très bien cette expérience : l'être et le non-être se pensent dans le même moment. Il n'y a d'exil que parce qu'il y a du commencement dans le déracinement. Dans l'exil se manifeste une présence intempestive, au cœur de l'absence. Revenons alors à notre question : si l'exil est une résistance au néant, l'aventure d'un commencement, pourquoi serait-il, alors, marqué par la passivité ?

C'est que le commencement qu'inaugure l'exil est double : il y a en lui aussi un vide, une aphasie, un silence, une face manifeste et une face secrète. On croit savoir d'où l'on part en exil mais on ne le découvre qu'en chemin. C'est pour cela que l'exil est fondamentalement au passif, pour cela qu'il est porté par une éclipse de la conscience – qui nous procure cette sensation de passivité. Dans le commencement, dont l'exil est l'expérience, l'origine est cachée. Toute l'aventure de l'exil n'aura de cesse que de la retrouver, vouée sans le savoir à aller de surprise en stupéfaction, à ne pouvoir jamais la « saisir » en toute conscience. Si elle ouvre sur le futur, la passivité qui précède le commencement pourrait donc être signe de bonté, de don, mise de fond originelle sans laquelle rien ne saurait être... Puissance d'un autre monde plutôt que reste d'un monde disparu. Ainsi l'exil questionne-t-il la conscience sur son aptitude même à la vraie vie. Toute une sagesse en découle.

I

L'INSTANT DU DÉPART

Il n'y a donc pas de conscience immédiate de l'exil, puisque c'est l'exil qui révèle après coup, après le départ, que l'on habitait un lieu. C'est dans le souvenir du départ en effet que le départ se manifeste et peut être identifié. Sur le moment, la conscience est comme assommée, aphasique. La rupture d'un départ est toujours brutale et précipitée, puisqu'il s'agit d'un événement qui s'impose du dehors et vient forcer la quiétude et la passivité. Instant très lourd à porter ! Celui qui devient un exilé perd tout, d'un coup, part en laissant tout derrière lui, l'héritage tiré des générations qui l'ont précédé et sa propre consistance existentielle qui fait corps avec le milieu où elle s'est développée. Quelle conscience pourrait assumer une telle charge ? À cet instant, le moi défaille et ploie sous le poids de la totalité, d'autant plus que ce « tout » est mis en balance avec le rien, le plus souvent quelques vestiges d'un bonheur passé rassemblés dans un bagage. L'exilé d'un côté, la totalité de l'autre côté... Le moi est projeté dans une sorte d'apesanteur où il flotte sans points de repère. Toute une vie ne lui suffira pas pour méditer sur ce « tout » et ce « rien » dont l'épreuve l'aura bouleversé.

L'exil est avant tout une expérience de la perte, de la disparition, de l'absence. Le monde de couleurs, de sons et de parfums dans lequel on évoluait, soudain se dérobe. Qu'est-ce qui se dérobe et que l'on perd ? Tout ce qui portait le moi se retire et l'isole dans la solitude. Le moi se reconnaît alors, lui-même, pour la première fois réduit à lui-même. Mais est-il encore le « même » ? Avant la cassure du départ, qui peut imaginer qu'il faisait à ce point corps avec la réalité extérieure au point de n'être rien sans elle ? Chacun a conscience de son identité subjective, croit « se posséder », être pleinement conscient de ce qu'il est solitairement, se suffisant à lui-même. Nul ne peut imaginer combien il est peu de chose sans le milieu qui le porte. Une des découvertes les plus confondantes du départ en exil consistera justement à prendre la mesure de la valeur du monde qui nous entoure et du moi caché dans notre intimité.

Ce dont on se trouve dessaisi avec le plus de force dans l'exil, c'est l'espace. La dimension tellurique naturelle de notre identité se révèle dans l'exil dont le premier moment est justement défini par la notion de « déracinement ». Collines et plaines, méandres des cours d'eau, le moindre recoin rocheux, un bouquet d'arbres, une plage offerte à la mer tapissent notre être et forgent notre sensibilité la plus secrète. Le monde aura pour toujours l'aspect des paysages sur lesquels nous avons ouvert les yeux dans notre prime enfance. Mais tant que nous sommes sous leur emprise, c'est comme si nous ne les voyions pas, comme si nous ne nous détachions pas d'eux, à l'instar des arbres et des pierres de l'endroit. L'exil « déracine » le moi, dans le sens où il l'arrache à la terre à laquelle il tient de toutes ses fibres biologiques. Moment dramatique, à la pesanteur terrible, car jamais l'exilé ne pourra plus pousser de racines dans d'autres terroirs. Ses racines resteront à nu, exposées dans le vide et, d'une certaine façon, on pourrait dire qu'elles n'auront plus que le ciel où pousser désormais, ce vide où elles vont s'étendre en cherchant à retoucher terre.

L'exil sort l'homme de l'anonymat et de l'indifférenciation de la nature. En le réduisant à lui-même, c'est comme si le déracinement faisait entendre à son oreille une interpellation, un appel : « *Va vers toi-même !* ». Ne pouvant plus faire corps avec le paysage naturel, c'est comme si le vide le pressait d'assumer son être pour lui-même, alors que le monde l'avait porté jusqu'à cet instant terrible. Dans le même mouvement, en prenant de la distance d'avec son paysage natif, la terre lui apparaît comme une réalité distincte mais cette découverte ne se fera plus que dans le souvenir. L'expérience est étonnante : cette terre aura encore plus de présence en lui lorsqu'il l'aura perdue et qu'il se la remémorera. La marque de son influence sur sa sensibilité se ravivera alors avec plus de force : la douleur de la perte l'épaissira dans le sentiment, en se nourrissant des vestiges d'impressions laissées du temps de son emprise. C'est ainsi dans la mémoire – et donc dans le temps – que la terre continuera à l'habiter. Elle sera devenue une réalité intérieure et non plus externe, surplombée par le moi ainsi libéré par les effluves du souvenir, générateur d'une conscience revigorée.

Après que la terre se sera estompée, reviendra en rafales le souvenir des hommes que cette terre a portés. Des bribes de voix, des rires, le bourdonnement de la conversation submergeront alors les oreilles de l'exilé. Ce qu'il perd aussi, dans son déracinement, c'est, en effet, une habitude d'exister, une façon d'être au monde, de marcher, de faire, que la culture dans laquelle il est né lui a donné en héritage et que d'autres hommes ont partagées avec lui. La confrontation avec d'autres habitudes, d'autres valeurs, d'autres cultures ne fera que raviver en lui le souvenir de sa patrie, comme jamais auparavant. Il saura alors, seulement, qu'il est originaire d'une patrie, d'un accommodement de l'humanité à un lieu spécifique dans l'immensité des terres émergées.

Cette évocation de la patrie annonce une

évocation de la famille. Le déracinement met en effet un terme à une longue succession de générations qui, toutes, se récapitulent, avec l'exil, dans la personne du déraciné. Jamais il n'aurait pu soupçonner que dans ses pas couraient des centaines d'autres pas, que dans ses cellules logeaient des centaines de vies dansant la cavalcade de la généalogie. Et voici qu'en cet instant du départ, tous étaient là au rendez-vous, submergeant sa conscience, se pressant dans tous les pores de sa peau, des siècles se récapitulant en abîme : au bord de la rive du pays qu'il abandonne, laissant derrière lui, à jamais, leurs restes, leurs tombeaux et leurs monuments ! Toute une histoire séculaire sombre en cet instant devant lui qui reste comme un spectateur interdit devant cette chute d'étoiles accablante. Une lumière s'éteint dans le monde.

L'instant du départ récapitule ainsi ce qui est désormais irrémédiablement mis au passé. Mais de quel temps est fait ce moment si dense, ce soleil noir ? Comment pourrait-il être au présent alors que l'on vient de perdre la présence, ce qui faisait que le monde était habité et familier, qu'on y avait une « maison » ? Le futur n'a point encore pointé à l'horizon car la conscience est terrassée par l'effondrement d'une présence vivante qui se transforme en passé. Et pourtant, il y a du présent. Le soleil du moi, de l'éveil de la conscience brille profondément dans cette obscurité dramatique. En perdant ses assises, le moi manifeste en effet sa présence à lui, se libère d'anciennes entraves. Il naît à lui-même. Ce moment a la puissance de la rose des vents ou plutôt de la rose des temps : passé, présent et futur s'y articulent en une roue de feu. En se retirant, en effet, la présence clignote. C'est ce qui confère malgré tout à ce moment une présence intense. C'est dans son souvenir que l'exilé pourra puiser plus tard – s'il en est capable, s'il réchappe à cette expérience – la force d'un futur. Le passé se constitue alors parce qu'il sort clairement de la présence, toute récapitulée dans le moi réduit à lui-même ou, plutôt, libéré de ses limites, inhérentes à sa constitution. C'est là un signe avéré de la jouissance de la présence, de cette source vivifiante qui lui permettra plus tard de transsubstantier le passé à jamais accompli en futur.

En quoi ce moment dramatique est-il générateur de liberté ? C'est la question qu'il faut poser, vu la douleur qui l'empreint. L'expérience spatiale, expérience de l'extériorité, devient alors une expérience temporelle, propre à l'intériorité. Non que l'espace disparaisse radicalement : il se voit intériorisé par l'exil, maîtrisé par sa sensibilité, totalement humanisé et subjectivisé. Les décors de l'extérieur deviennent des dimensions de l'intérieur, totalement réfléchies, de sorte que le moi ne se voit plus référé à des éléments externes et objectifs. C'est comme s'il se désolidarisait de l'identité qui le constitue, dans la mesure où c'est à l'identique que renvoie l'identité.

Quand on parle d'identité du moi, on fait, en effet, référence à un principe de continuité de la personne transcendant les différentes phases et étapes qu'elle traverse : à travers son évolution, elle se reconnaît, ainsi, toujours comme elle-même. Par rapport au monde du dehors, le moi se voit généralement référé non pas à l'unité de la personne, mais aux cadres géographique, social, familial qui le font ce qu'il est : il leur est identifié par ceux qui n'en participent pas et il s'identifie à eux pour se constituer. En ce sens, il est identique à ceux qui s'identifient aux mêmes cadres. En ce sens, il se constitue comme identité, c'est-à-dire conformité – même inconsciente –, à des critères externes. On pourrait avancer que c'est dans l'exil seulement que la question de l'identité se pose à lui et qu'elle devient discernable. L'identité ne se comprend elle-même qu'en se déprenant d'elle-même. Le vide dans lequel est immergé l'exilé le prive en effet de toute référence et de tout critère de définition : il n'y a plus de modèles d'identification possibles. Il se voit ainsi renvoyé non plus à lui-même, à lui comme même, identique et identifiable, mais à lui encore en puissance d'être, sans détermination. En ce moment du départ, tout est possible, bien que plus rien ne soit possible sur le plan du monde que l'on quitte. Un partage des terres se fait entre le passé et l'avenir. Le moi n'est plus que la frêle frontière qui sépare deux univers, deux temporalités. Il se tient dans une présence si dense qu'elle s'éclipse.

Quelle est la signification profonde de cette expérience ? Quels sont la nature et le statut du monde que l'on perd dans l'exil ? S'il y a de la liberté dans le départ, pourquoi faudrait-il tout perdre pour la trouver ? Pourquoi y aurait-il une nécessité d'avoir, pour perdre et trouver ? Le philosophe socratique pense ce hiatus en fonction de la dialectique du sensible et de l'intelligible, de l'apparence et de l'essence, comme s'il y avait dans l'existence deux niveaux de réalité, l'un, inférieur et illusoire, l'autre, élevé et seul vrai. L'homme devrait se libérer de l'emprise des sens, abandonner les réalités sensibles pour accéder à la contemplation des Idées, des seules vérités qui vaillent pour l'humanité. Ainsi, c'est dans le monde sensible que l'homme serait en exil, et c'est en le quittant qu'il se libérerait. Dans cette conception, le sens commun est mis sens dessus dessous. Elle impulse une morale pour laquelle le corps, toute dimension physique de l'existence, est un tombeau pour l'âme qui ne s'en libère qu'en émigrant de la chair. En perdant tout, l'exilé se déferait ainsi des entraves de la chair qui l'enserrent de plusieurs façons (pays, famille, patrie...). Un départ sans retour ; la chair et la terre n'apparaîtraient plus que comme une fatalité s'acharnant sur l'homme et dont il devrait se dissocier. L'objet de la perte qui accable l'exilé perdrait, en ce cas, tout sens. Il l'abandonnerait comme une dépouille insignifiante.

La vision abrahamique que nous rapporte la Bible s'oppose à cette conception. Abraham, en quittant Babel, n'abandonne pas le sensible, même s'il s'arrache au paganisme, à la soumission aux forces telluriques. Son exil ouvre sur une liberté que rend possible la promesse d'une autre terre, d'une Terre autre, d'une nombreuse descendance de chair et de sang, dont la finalité ne se résumera pas à sa propre existence mais au souvenir d'une Parole, Celle, vivante, entendue dans la voix du « *Va-t'en !* ». L'exil abrahamique délivre, contrairement à la voie socratique, la possibilité d'une existence dans le monde, d'un autre rapport à l'être. Il porte le germe d'une connaissance de la vérité qui ne renonce pas au sensible ni à la réalité. En ce sens, spécifiquement biblique, l'exil ne concerne pas uniquement le sensible et le charnel – qui, alors, se déroberaient pour révéler l'homme à lui-même –, mais toute la personne, dans ses sens autant que dans son intellect. Ce n'est pas à ses sens qu'il l'appelle à renoncer (pour acquérir la capacité purement intellectuelle de contempler les idées), c'est à une plus grande conscience qu'il le convoque, sur tout son être. Non pas à renier sa chair dans le monde mais à continuer la marche, à faire du déracinement, un exil.

II

EXIL OU DÉRACINEMENT ? LA CONDITION EXILIQUE

La possibilité de choisir Socrate ou Abraham nous montre que la situation du déracinement est susceptible de diverses interprétations qui ne le comprennent pas nécessairement dans le sens de l'exil. Pour le philosophe, il n'y a pas d'exil qui succéderait à un enracinement qui, à ses yeux, est déjà l'exil... Sortir de l'enracinement, pour lui, c'est, en effet, quitter le monde des apparences et du sensible dont l'âme est prisonnière pour un état qui n'aurait plus de lien avec le monde. La réminiscence du monde intemporel des Idées – sur lequel se fonde tout le savoir de Socrate – n'est pas un « retour » mettant un terme à un « exil » initial. Elle sort en effet carrément la conscience du monde où ne subsiste désormais que la dépouille charnelle de l'âme qu'est l'homme. Il n'y a en effet d'exil et de retour que par rapport au monde et à l'extériorité. Dès le moment où il y a une rupture entre le monde de l'exil et de celui du retour – ce qui, dans ce cas, découle de l'annulation d'un monde défini comme illusoire, – le mouvement qui anime l'exil n'est plus possible car il n'y a d'exil que pour un retour, et sa condition de possibilité implique que les deux démarches se déploient dans le même et unique monde. Sans quoi il n'y aurait plus de mouvement mais un clivage, ce qui est le propre de la vision socratique.

Ce qui se trame dans la condition exilique, c'est donc un rapport au monde ; mais tout rapport au monde – qui suppose une distanciation – n'est pas un exil. Le déracinement peut, en effet, ne pas devenir un exil : l'éveil de l'exil peut ne pas se produire dans la conscience du déraciné toujours sous l'emprise des « racines ». L'enracinement gouvernerait alors toujours la perte des racines ; le déraciné vivrait toujours sa vie dans une référence permanente à un passé révolu. Sa condition existentielle resterait nécessairement en proie à la nostalgie, au regret éternel. Il aspirerait à re-venir, à retourner en arrière, même en avançant. Toute présence serait pour lui irrémédiablement au passé. Prisonnier de la « racine » alors qu'il n'a plus de « racines ». Pour la conscience déracinée, l'homme est comme un arbre planté, enraciné dans la terre, y poussant des racines qui se nourrissent des sucs du sol pour lancer des branches vers le ciel. De l'homme comme élément du paysage immobile ! Mais au fond de la béatitude et de l'assurance que procure l'enracinement pointe en fait un sentiment tragique poignant dont le déracinement est l'occurrence la plus forte (la souffrance, la séparation – le travail de la mort –, qui vient frapper un jour ou l'autre les enracinés, qui ne peuvent se soustraire à l'arrachement, à la perte des racines).

À côté du déracinement, une autre interprétation de la cassure inhérente à toute existence est possible, en vertu de laquelle le déraciné se vit comme un errant. Il incarne l'homme que cette expérience a porté à juger impossible la demeurance, l'habitation – car c'est ce qui y est en jeu. Si la demeure peut un jour être brisée, c'est qu'elle n'était qu'une illusion... Il ne lui reste plus alors qu'une sorte de désespoir nihiliste qui le réduit à se traîner dans le monde, en deuil d'un paradis perdu qu'il sait n'avoir jamais existé. L'existence perd tout sens à ses yeux bien qu'il souhaite profondément qu'elle en ait un. C'est comme si la vie tournait en rond dans un désert où il n'y aurait ni direction, ni sens, ni chemins tracés. Tous les chemins n'y mènent nulle part. Dans cette conscience du monde, l'homme perd tout surplomb sur sa vie qui se retrouve abandonnée au hasard, comme enserrée dans l'immanence, comme emprisonnée... C'est dans cette errance désespérée que le philosophe défriche une clairière – sans raison ni sens –, le ciel des Idées auquel il se raccroche pour se sauver : hors du temps et de l'espace, de toute façon voués au non-sens.

La voie d'Abraham – qui symbolise ce que nous appelons « exil » – ouvre un chemin tout autre que celui de l'errance ou du déracinement. Pas de « racines » pour Abraham. On peut voir en lui, à la façon du jeu de mots, un exil, une sortie hors (*ex* signifie « hors de » en latin) d'une personne qui est désormais devenue un « il » – distant, extérieur –, une autre facette d'elle-même qui ne saurait donc être prisonnière de ce « il » qui s'insérait dans une configuration et une condition existentielles devenues caduques. Le « il » dont se départit Abraham dans sa conscience est au passé, mais c'est la même personne qui dit encore « je ». Dans l'attente d'un futur. Parce qu'il « sort de », l'exilé sait d'où il vient. Et où il va, car il va forcément quelque part s'il n'erre pas, ne tourne pas en rond et s'il n'a pas la nostalgie du retour à l'origine... Sa vie est gouvernée par un sens ou, en tout cas, une quête de sens. Cette conception de l'exil n'est pas évidente au sens commun. On voit en effet dans l'exilé un homme qu'un pouvoir a condamné au déracinement : une personne déplacée, plongée dans le drame de l'arrachement à son univers – ce qui suppose implicitement que l'enracinement est le modèle de la normalité heureuse.

Il nous faut apprendre à voir l'exil comme un choix libre, un projet créatif que l'homme fait dans la condition déracinée ou – comme on l'a vu – dans la condition existentielle qui est le lot de tout homme : le choix de vivre cette condition sur le mode de l'exil et non du déracinement et non de l'errance. L'exil est en effet un choix, une attitude envers l'épreuve de séparation inhérente à toute existence, ouvrant dans l'être une faille que rien ne peut combler. Son enjeu – qu'indique en filigrane la séparation –, c'est la présence. C'est toujours en fonction d'une présence qu'on éprouve de la séparation, une présence qui nous apparaît, réversiblement, relever de la demeurance, de l'habitation, d'un lieu sur la terre où elle rayonnerait. Dans cet espace qui est comme retranché du monde extérieur, nous trouvons un abri dans l'ombre duquel nous développons un sentiment d'intimité avec le monde, de proximité, où les êtres se rapprochent, où chacun peut être interpellé par son nom propre, où l'on se sent « chez soi ». Tout le contraire de ce qu'est l'expérience du monde du dehors, qu'il soit celui de la cité ou de la nature. Le choix de l'exil, comme interprétation de la séparation propre à l'existence, aidera à une maturation de cette conscience d'être « chez soi ». La séparation nous arrache à cette demeure – devenue désormais notre demeure originaire –, pour nous lancer sur les routes de la perdition ou de l'exil.

Les causes de cette crise peuvent être circonstancielles mais elles sont au fond essentielles et inhérentes à toute condition. Ici les circonstances ne font que raviver la réminiscence d'une épreuve plus ancienne, sur l'enfouissement de laquelle avait été construit le premier « chez soi », tout tapissé de cet oubli désormais impossible. L'énigme de cette épreuve originelle est au cœur de la conscience de l'exil. De son dénouement dépendra le « retour », l'efflorescence de l'exil, son fruit. En effet, au contraire de l'errance, l'exilé est mu par l'attente d'un retour, d'une sortie hors de l'exil qui serait différente de l'attente du déraciné, aspiré par la nostalgie de la régression à son point de départ. L'exilé serait celui qui ferait le deuil de la perte sans renoncer pour autant à retrouver une nouvelle demeure, qui, cette fois, résisterait à l'assaut du temps. Il campe un personnage héroïque qui se met en quête de l'habitation malgré la privation de toute résidence, qui ne renonce pas à la présence malgré sa dérobade... L'exilé est ainsi animé d'un fol espoir que rien ne conforte dans l'expérience vécue ni le regard des autres. Le monde échappe en effet à la saisie : il a perdu tous ses supports d'existence de sorte qu'il n'a plus d'appui pour soulever le monde. Le monde repose désormais sur lui seul. C'est une expérience aiguë de la singularité : il habite alors, plus intensément que tout autre individu, l'étroitesse de son nom, de son « propre », à la différence de ceux qui ne sont que la variation ou la modalité d'un même être, individus interchangeables à l'infini parce que c'est un lieu – qu'ils habitent sans même le « savoir » – qui les porte et les désigne dans leur nom et leur identité. L'exilé n'a plus que son nom pour habitation. « *Abraham l'Araméen, l'originaire de Babel* », c'est là toute l'identité qui lui reste quand il n'a plus de terre où poser ses pas : un effet de langage. « Babel », « originaire de Babel », « Araméen », son origine se rétracte désormais dans un mot, celui qui désignait son habitation première, devenue aussi diaphane qu'un mot. Et pourtant, dans le mot se recollecte une immense quantité de sentiments, d'expériences, de récits du passé.

Une des premières découvertes que fait l'exilé est ainsi celle de la puissance et de l'épaisseur du langage, capable de porter le monde, la conscience et l'expérience qu'on en fait, alors même que le monde s'est dérobé. Plus consistant que le monde ? Mais la révélation du langage à laquelle donne lieu l'exil est l'occasion d'une perception tout à fait nouvelle. Avant le départ, les mots désignaient ce qui existait en dehors d'eux. Dans l'exil, ce sont les mots qui portent et englobent ce qu'ils désignent, le langage porte l'extériorité, l'abstrait porte le concret. L'identité devient un récit, la réalité, une mémoire. Il n'y a plus de paysage sans la narration qui le dépeint, ou plutôt le reconstruit dans le prisme de la mémoire. L'habitation devient effet de langage, sans perdre de sa consistance ni de son épaisseur. Par certains côtés, elle a bien plus d'existence à la lueur de la chandelle du souvenir qui ne retiendra que ses aspects les plus importants, son essence, c'est-à-dire les aspects qui ont eu le plus de sens pour l'intimité (passée) de l'habitant en exil. Abri de l'intimité au départ, la maison se verra ainsi totalement intériorisée par l'exilé qui pourtant imagine toujours résider en elle (même si c'est au passé) alors qu'elle réside désormais en lui qui réside en elle... Son exil s'avère ainsi être aussi une sortie hors du langage reçu passivement dans l'enracinement, une ré-invention du pouvoir des mots et la découverte de leur autonomie. La révélation de la demeure intérieure libère les mots de l'emprise des objets qu'ils désignent. Le mot survit à l'objet inerte et muet, a plus d'existence que lui, ce que ne peut comprendre l'enraciné pour qui le mot désigne de façon instrumentalc une réalité qui lui préexiste.

Dans son regard, le mot est en trop, en plus de l'objet : il s'ajoute à l'objet. L'exilé se tient, quant à lui, dans cet ajout, cet en-trop, qui n'est pas le reste ou le vestige de l'objet mais le milieu qui porte l'objet qui, sans lui, n'existerait pas. L'objet extérieur apparaît comme se tenant dans cet ajout... Le monde s'élargit paradoxalement (alors que le déracinement le rend exigu) puisqu'il réside désormais dans la gratuité et l'abondance du langage et non plus dans la rareté des objets.

Ce renversement du langage augure une nouvelle expérience de l'absence qui n'est plus perte de l'objet massif, trou causé par la chute de l'objet (les « racines »), mais parole d'exil.

L'absence est vécue par le dire, formulée, proférée, ce qui signifie que l'exilé accède désormais à la présence par le langage, que la présence ne se dépose plus seulement dans des objets et des lieux mais dans des mots. Si l'expérience de l'absence devient formulable, c'est qu'elle est devenue mobile, une mobilité qui peut l'apporter à la présence dérobée. La notion même d'absence est une façon vivace de désigner la perte, car l'absence se pose en référence à la présence : elle est donc une conscience – malléable puisque linguistique – de la présence. Elle tire aux forceps l'absence du gouffre de la perte. Dans l'exil, l'homme approche ainsi le noyau caché de l'existence, il entrevoit la possibilité d'un monde qui aurait de la permanence malgré sa labilité, un monde abordé dans l'épreuve d'une absence que les hommes trompent illusoirement. On ne peut se saisir de rien dans le monde, s'il s'agit de se saisir de quelque chose : le fond de toute emprise, c'est la conscience que nous en avons.

Cette disposition de l'esprit n'est pas sans avoir de conséquences pour la condition de l'exilé dans la société humaine dans laquelle il est en exil. Sa présence dérangeante rompt en effet le consensus qui la fait vivre et qui se nourrit de l'hypothèse que la présence est réalisée dans le monde. L'exilé découvre à cette occasion que la société humaine se paie toujours de la fausse monnaie de ses illusions. Peut-être le lien social propre à l'enracinement se forge-t-il en effet dans cette occultation de la vérité de l'existence et de la mobilité du langage ? La convivialité de l'exil érode ces illusions : elle renvoie aux enracinés leur propre effroi vis-à-vis de la vie, du vide qui la creuse et ébranle les fondations d'une habitation que le vent du temps emporte un jour comme un fétu de paille. On s'écarte de lui avec horreur car il prend, à leurs yeux, l'aspect d'un monstre inquiétant. L'exilé sombre alors dans une singularité si radicale que le malentendu est son seul rapport avec ses (dis)semblables. Elle entraîne avant tout une méprise : on pourrait, en effet, la considérer comme un élément tiré d'une foule variée d'identités, et l'inscrire ainsi dans une série. On ne comprendrait pas alors pourquoi l'exilé se tient à part. Seuls l'orgueil ou la monstruosité peuvent expliquer sa solitude du point de vue des enracinés. Mais cette singularité est tout autre et l'exilé, lui-même, ne pourra le comprendre que bien plus tard. Elle est une expérience de l'un, au-delà de toute série et de tout dénombrement, d'une « unité » qui serait plus grande que le « un » du « deux » et du « trois »... Comment comprendre cette unité dans des termes existentiels ? Elle ne doit pas être vue comme une reconstitution de l'unité avec soi qui précédait la séparation. On serait là dans l'illusion régressive propre au « déraciné ». Il faudrait plutôt voir dans cette unité le symbole de la convergence du langage et de la présence, le signe même de la demeure intérieure, parfaitement une, malgré ses réalisations successives et fugaces dans le monde. Cette unité désignerait un état intérieur pouvant traverser la séparation sans s'y dissoudre.

Mais les enracinés ne peuvent comprendre que les mêmes mots désignent des plans d'existence différents : ils sont réfractaires à la métaphore, à la fluidité du monde. La demeurance est pour eux tout autre : l'exilé est un intrus qui met en danger leur assurance. Cette unité plus grande que l'un, cette demeure plus grande que leur habitation les terrorisent. En excluant l'exilé, ils purifient leur âme de son angoisse, ainsi déposée au-dehors (d'eux-mêmes) dans la personne de l'exilé qui, de ce fait, n'a plus de nom, ni de visage à leurs yeux. C'est un principe qu'ils haïssent en lui. Il n'existerait pas ? ils l'inventeraient... Il ravive en effet en eux la séparation qui déchire toute existence. Si l'on compare le destin du déraciné et celui de l'exilé, plongés dans la convivance propre à la société où ils se retrouvent après leur déracinement, on constate que le déraciné est tout à fait accepté. Il s'inscrit en effet dans le monde de ses hôtes, dont il confirme le principe d'environnement. Le rejet dont il souffre est pour l'exilé une souffrance supplémentaire, car à la transplantation du déracinement s'ajoute l'exclusion. Une condition de paria. Son expérience du rapport à la terre se double ainsi d'une expérience du rapport à l'humanité et à la société. D'où l'on comprend qu'il n'y a de terre que portée par une humanité... Cette mise à l'écart est un signe (dévoyé, mais c'est le fait des enracinés) de la singularité expérimentée par l'exilé. Épreuve il y a car elle entraîne de la pénurie, de l'amoindrissement. Comme si l'expérience de l'essentiel provoquait immédiatement un appauvrissement, alors que plus tard elle délivre un flot d'abondance. L'exilé s'expose en effet à l'inimitié et à la faiblesse. Il choisit la nudité de la vérité et rejette les habits de l'illusion. Il s'expose alors aux coups portés par les autres. Concrètement, on comprend bien que celui qui ne bénéficie d'aucun des supports sociaux de l'existence se retrouve amoindri. Il ne peut accumuler de richesses ni thésauriser de capital à la façon du propriétaire, ce qui supposerait de la permanence dans son installation. Il ne peut former une grande famille car pour élever des enfants il faut une stabilité et une régularité qu'il n'a pas. Quant à son image auprès de son entourage, elle est inéluctablement l'objet d'un malentendu. Qui se souvient qu'il existe encore ? En lui, la face intérieure des mots et des choses s'est illuminée alors que leur face tournée vers le dehors s'est éteinte.

III

L'ÉTRANGETÉ DE L'EXISTENCE

L'héroïsme de l'exilé n'est pas sans faiblesse intime car l'expérience qui le ravage ébranle la conscience de soi développée jusqu'alors. Dans sa personne, son être incarné dans le monde, une subjectivité intérieure est éveillée, comme si une autre personne s'était levée en lui, comme si d'autres yeux le regardaient du fond de lui-même, supposant l'existence en lui d'un autre être qui pourrait survivre à la mort de son être dans le monde. La conscience d'une étrangeté intime l'envahit. Il ne peut lui échapper : ces yeux qui le contemplent au-dedans de lui, encore embués des impressions et des souvenirs qu'il a emportés avec lui, ces yeux qui le considèrent dans ce qu'il est devenu avec le déracinement, ces yeux sont les siens. C'est comme une conscience de derrière la conscience qui aurait surgi par effraction en lui. Ce dédoublement inquiétant et irréductible, qui fait désormais résonner deux voix en lui, touche à la permanence de son être dont il est le gage. Face à la destruction de son identité dans le déracinement, c'est comme si un surcroît de conscience avait germé en lui, lui assurant une distance face au corps mort de son identité première. Avec la faille de ce regard intérieur, c'est comme s'il pouvait s'appréhender tout en étant hors de lui-même, comme mort, pour ainsi dire. Si l'enraciné qu'il était meurt d'une certaine façon dans le déracinement, lui continue ainsi à vivre. Mais où se tient ce « lui » ? Peut-il se désigner encore comme « moi-même » ? Ne s'annonce-t-il pas comme « moi-autre » ? Qui dit encore « je » en lui ? Deux visages scandent son être. Ce pourrait bien être là le symptôme de la maladie mentale. Ce malaise en est très proche et l'exilé peut en effet se laisser gagner par la nausée qu'il provoque. À moins que cette cassure, que lui seul connaît, soit l'effet d'un surcroît d'être, d'une croissance spirituelle, si inouïe qu'il ne peut la comprendre ni la maîtriser sur le moment. La destruction de la demeure a révélé l'existence d'une cache secrète, restée intacte et émergeant, encore obscure, des brumes de l'inconscient.

La question qui se pose à l'exilé est celle de son identité. Il était sûr d'elle, dans l'enracinement et même dans le déracinement. Après avoir tout perdu, n'était-elle pas tout ce

qui lui restait, son bien le plus s
précieux : lui-même, sauf, sorti
mente ? Or, voici que cette
échappe. Même la mémoire de c
semble le fuir et le contempler
avait sa vie, ses amis, ses amours, sa famille, des habitudes d'existence qui faisaient toute sa personnalité. Suffirait-il qu'il soit déplacé de chez lui, pour que tout cela disparaisse de la réalité, au point de devenir une mémoire douteuse ? Toute sa vie antérieure se voit alors gagnée par le passé inerte et figé, un passé qui semble étranger à une conscience vécue au présent, comme s'il était sorti de la présence de la personne à elle-même. Tout cela n'a-t-il pas été qu'un rêve ? Ce qui fait le fond et la substance même de notre vie n'a-t-il d'existence que dans un lieu, au point que si on le quitte tout s'évanouisse ? De quelle consistance est donc cet environnement chéri ? Que suis-je, que reste-t-il de moi quand je me retrouve dépouillé, par les circonstances, de la chair de mon existence ? Cette inquiétude est proche de celle de la mort : que restera-t-il de moi, de ma subjectivité, une fois mort ? Mon identité, mon nom s'éteindront-ils alors ?

Et pourtant, ce débat fait rage en lui-même, c'est-à-dire qu'il suppose l'existence d'un rapport entre lui et l'autre qui parle en lui. L'étrangeté habite désormais la maison... Mais sa présence insidieuse, éruptive, pourrait bien être le facteur même de la continuité de sa conscience, de la permanence de la présence alors qu'il se voit plongé, lui-même, dans l'absence. La levée de cette personne étrangère l'aide en effet à se reconnaître lui-même, toujours le même, même dans l'exil et la perte de tout repère. C'est comme s'il l'avait trouvée dans son maigre bagage, comme s'il avait fait une rencontre providentielle dans sa fuite éperdue, comme si tout ce qui lui restait s'identifiait à ce sentiment d'étrangeté. Un corps mort l'accompagne, regardé par un vivant. C'est de leur rencontre que vient peut-être la présence tant recherchée. L'étrangeté qui se penche sur le cadavre de l'identité défunte éveille une force de résurrection que l'exilé apprendra à rendre propice et créatrice. Cette puissance de vie se manifeste, avant tout, dans le langage qui, seul, permet de dénouer cet écheveau embrouillé des facettes de l'identité : à travers lui, le même et l'autre se retrouvent dans le soi. C'est dans sa formulation que cette expérience prend en effet consistance, ce qui voudrait dire que l'on n'accède à l'étranger dans la conscience que dans le langage dont il a, de prime abord, la consistance, aussi fragile que réelle. Il faut, en effet, arriver à percevoir sa présence malgré son irréalité immédiate, malgré l'absence qui le porte. Le langage est le seul véhicule disponible pour évoquer un absent. En somme, c'est le moment où la présence réapparaît dans l'absence, de façon presque incroyable car mue par l'absence, qui est ici décrit. Le moment d'étrangeté réveille alors la puissance du langage ainsi libéré pour délivrer la réflexion du moi sur lui-même. L'étranger dans la demeure renvoie au moi son image en miroir, son image de même tout autant qu'il la décentre et la met en mouvement, alors qu'il était auparavant assigné à résidence. L'enracinement n'est plus, mais le sentiment du déracinement aussi est brisé : la migration de l'exil peut commencer pour un voyage dont le port final n'est pas encore certain... À cet instant, l'exilé dépend, tout entier, de la puissance du langage, ainsi promu créateur d'un monde nouveau, d'une aventure et d'une vision encore inédites pour la conscience et qui ne peuvent se dire, de toute façon, qu'avec des mots.

Une question se presse alors dans la conscience : quelle est la nature et le statut de l'étranger en moi et en quoi consiste l'essence même de mon être ? Qui dit « je » ou, plus exactement, d'où se dit le « je » ? Du sein de la « chair » où se recollecte toutes les dimensions concrètes de l'existence, la terre, les sensations, l'entourage humain ? Du sein de la mémoire, car c'est en m'arc-boutant sur le souvenir de mon identité passée que je parle aujourd'hui comme un « je » ? Si je suis cet être qui n'existe que dans le chevauchement des temps (du présent au passé), ne suis-je qu'une forme qui passe dans le mouvement ? À moins que mon identité ne se recollecte effectivement, ne se soulève et ne se saisisse que dans le langage ? Et puis-je, encore, parler identité, c'est-à-dire d'un rapport identique à moi-même, alors que l'étrangeté a brisé en moi le sentiment d'autoréférence ? C'est comme si l'épaisseur la plus obscure de mon être, celle que la notion d'identité désigne généralement, se condensait et se rassemblait autour d'un point qui, lui, serait complètement vide, m'échappant totalement, trouant mon être en son centre avec une profondeur sans fin. C'est autour de ce vide – que l'exil révèle dans le déracinement – que se tient mon identité, c'est de là que « je » parle. Au-dessus d'un abîme où je perds pied. C'est ce qui « m'habite » qui fonde mon habitation. Dans ma demeure réside un étranger que je ne peux chasser, d'autant plus omniprésent que je me calfeutre entre mes quatre murs. Qui est cet autre qui m'habite, pourvoyeur de ma vie, source de toute présence ?

Il y a là, à n'en pas douter, une expérience de la transcendance, d'une réalité qui dépasse la conscience, quelle que soit l'interprétation, spirituelle ou matérialiste, que l'on en donnera. Dans le récit biblique, elle annonce la présence divine qui vient « bousculer » Abraham de plein fouet avec le « *Va-t'en* » et se dévoilera par la suite comme le Dieu unique. Certains l'identifient au poids du genre humain dans la psyché de chaque individu. Il tirerait sa permanence de la durée sans fin de l'humanité dans le cycle des générations. Toute son existence proviendrait de l'héritage accumulé des générations passées. L'expérience du langage en est la preuve. Il nous préexiste et nous survit, il ne nous appartient pas mais sans lui nous ne serions rien. Il y a en lui un dispositif, le « je », qui permet à tout un chacun, à la génération dernière venue, de croire se l'approprier tout entier en se construisant une identité. D'autres y verraient le signe de l'existence de l'âme, transcendant tout ce qui relève de l'enracinement. L'âme, avancent-ils, appartient à Dieu. Ce serait elle, en fait, qui m'habiterait et me donnerait vie, elle qui m'échapperait et reviendrait à Dieu dans la mort. Cette explication est l'expression d'une grande déception : elle voue inéluctablement ce que je suis, « moi », à la contingence et à la mort. Au sommet de ma lucidité, au moment où je me forge la conscience forte d'être un sujet, j'apprendrais la sinistre nouvelle de ma vocation à la mort : ce qui survivrait de moi, ce ne serait pas moi mais la trouée vide qui m'habite !

Il y a pourtant une autre façon de comprendre ce que nous avons défini comme une transcendance. En effet, ce phénomène pourrait manifester au contraire un surcroît d'être, une abondance qui dépasserait les limites du moi et dans laquelle il « surnagerait ». De ce point de vue, ce qui nous était d'abord apparu comme une « trouée », un vide, se manifesterait à nous, désormais, comme une plénitude tellement riche que nous ne pourrions rien saisir d'elle : nous n'aurions aucun instrument adéquat pour la capter. Cette expérience ressemble à celle de la perception d'une intense lumière. Au départ seule une épaisse obscurité s'en dégage. L'observateur pourrait s'en tenir à cette première impression, mais, après coup, une fois que l'œil s'est habitué et exercé, la vision de la lumière s'éclaircit. Cet exemple illustre à merveille cette expérience paradoxale. Dans son éclairage, on peut comprendre comment le vide recèle une grande abondance. En découvrant cette plénitude cachée dans la pénurie de l'exil, le moi peut en effet se surmonter lui-même, s'élever au-dessus de lui-même, dompter sa ruine. Il y gagne en lumière et en souffle. Le vide lui ouvre ainsi un ciel où il peut s'élever encore plus haut, faisant entendre à son écoute exacerbée par le déracinement une sorte d'écho de l'infini qui l'aide à transcender ses limites. Le moins-être du déracinement a révélé ainsi un plus-être. Ce pourrait être là une définition de l'exil... Ce plus-être a en effet statut d'étranger dans l'autochtonie originelle du sujet. Pourquoi faut-il qu'il y ait autochtonie pour qu'il y ait étrangeté ? C'est là le mystère de l'être, de son paradoxe constitutif. Cette étrangeté, dont l'exilé est le témoin parmi les enracinés, est, en effet, inassimilable, infiniment exprimable ou inexprimable dans sa totalité, informulable et pourtant source de parole, irréductible à la dichotomie de la chair et de l'esprit. Elle se vérifie dans l'espace et le temps de l'exil : une terre sur laquelle l'exilé restera à jamais (dans sa conscience intime en tous cas) un étranger, un temps pour toujours clivé par le hiatus du passé et du présent.

IV

LE SECRET DU TEMPS

Ce plus-être que l'on découvre dans l'exil (alors que le déracinement, son premier moment, est dans le moins-être) est l'énigme la plus grande du cheminement de l'âme. Quelle est sa nature, son statut ? Il supposerait logiquement que le déracinement ne vienne pas accabler un sujet qui serait dès le départ dans un plus-être et qui soudain chuterait dans la pénurie. Cependant, c'est bien l'épreuve de la perte qui constitue le premier moment de ce plus-être qui, de prime abord, est ainsi austère et exigeant. En quoi offre-t-il donc un « plus » ? L'éveil de la conscience en est sans doute un des signes les plus forts, qui donne ce sentiment d'un élargissement du monde, cette impression d'un infini sorti de l'étroitesse des limites du fini et englobant rétroactivement les limitations de la condition d'enracinement, révélées après coup. Le plus-être porte en effet la vision d'un autre monde que le monde connu occultait et qui se révèle alors plus large et plus profond. Dans cette profondeur, le mouvement devient possible : le monde s'ouvre désormais à une marche. Mais cet autre monde ne doit pas être abordé, à la façon du philosophe socratique, comme un au-delà de la réalité sensible : il se déploie dans ce monde-ci. Or ce monde-ci n'est pas plus que ce qu'il est, inscrit dans la finitude.

La seule solution logique à une telle impasse du sens (le plus-être indique un autre monde tout en étant dans ce monde-ci) remettrait en question la conscience subjective elle-même. Elle n'aurait pas la capacité de voir immédiatement ce monde autre, qui suppose que l'on jouisse d'un autre point de vue que le sien. C'est donc le sujet qui est en jeu : il se retrouverait dépassé avec une telle expérience. En quoi consisterait sa méprise (naturelle et inévitable), sinon dans l'illusion qui consiste à croire que l'état d'enracinement, qui constitue pour tout homme le fondement de l'immédiateté, est le plus souhaitable et, surtout, incarne la plénitude véritable : tout ébranlement de l'enracinement pèserait comme un danger tragique sur cette plénitude. C'est tellement vrai que l'image la plus forte du bonheur est classiquement celle du « paradis », c'est-à-dire d'un jardin d'agrément (le *pardès*, le verger) dans lequel l'homme serait « planté » à l'instar d'un arbre enraciné – une image en contradiction profonde avec celle de la Bible qui y voit un paradis « artificiel » dont les arbres ont été transplantés pour l'occasion... Le bonheur de l'enracinement est toujours tragique, car le paradis finit par être « perdu », souvenir d'un passé, d'un « âge d'or » irrémédiablement révolu. Il est en effet le produit d'une illusion désespérée qui porte à croire que le bonheur est irrémédiablement au passé alors qu'il est censé se vivre dans le présent...

La grande découverte que l'exilé fait dans l'expérience du déracinement, c'est que la plénitude est à l'avenir et pas au passé. Cette révélation « oriente » l'espace et le temps, dans un sens nouveau : l'exilé ne peut plus se déterminer en fonction d'une plénitude originelle à laquelle il serait rivé mais à une origine qui s'avérerait défaillante et à double fond. Derrière l'origine de son identité – bien réelle et assignable, elle, à un lieu et à un temps –, se profilerait une origine bien plus forte et lointaine dans le temps, presque immémoriale, presque en dehors du temps : une origine d'avant l'origine ! Autant dire que le moment premier de l'origine se perdrait et échapperait radicalement à la conscience, comme prise d'un vertige et d'une éclipse momentanés, obscurcissant la mémoire au moment même où elle le contemplerait. S'il y a une autre possibilité que la nostalgie du retour à l'origine – caractéristique du déraciné –, alors nous n'avons pas pour unique patrie, unique terre, unique maison notre patrie *d'origine*. L'exilé serait l'homme qui s'affranchirait de cette assignation naturelle à un lieu *antérieur*, au passé, un homme dont le présent ne se résumerait pas à la recomposition des morceaux irrémédiablement éclatés de son identité. Or, nous avons avancé l'hypothèse que l'exilé n'est pas un égaré, ce qu'il ne manquerait pas d'être s'il renonçait au désir du retour. S'il est en « exil », c'est bien parce qu'il sait d'où il vient et où il va.

D'où vient-il alors et où retourne-t-il, s'il ne vient pas en *vérité* de l'endroit originel qu'il a quitté ou d'où il a été chassé ? Cette terre est celle de l'infinie présence, où toutes choses se retrouvent, au cœur de la rose des temps. Dans la défaillance de son origine sensible, l'exilé découvre l'existence d'une terre intérieure, encore plus ancienne, d'où il ne se savait pas parti mais vers laquelle il retourne, et comme il n'en était pas parti, il retourne vers une terre qu'il n'a jamais quittée – mais où il « retourne » tout de même parce que dans son expérience psychique cette terre est antérieure à « sa » terre. La figure de la pérégrination abrahamique est, à cet égard, très significative : Abraham quitte Babel, sa ville natale, non pour se vouer à l'errance dans le désert mais pour « retourner » vers la Terre Promise, la Terre survenue dans la parole et l'appel à l'exil, une terre élective. L'exilé est appelé à retourner à cette terre, plus grande que sa terre d'origine, cette terre que le déraciné ne peut ni voir ni soupçonner. Il s'agit certes d'un *retour* – car, par sa nature même, l'exil naît de la tension entre un départ et un retour –, mais pas d'un retour à l'origine, mû par la nostalgie. On pourrait le définir, de façon provocatrice, comme un retour au futur. En somme, le futur précède le passé, à moins que le futur et le passé ne se tiennent pas dans la même temporalité... Ce qui signifierait que c'est la présence qui se trame, celle qui court à travers tous les temps et les réunit dans ce lieu secret et hors de tout temps fragmenté. Ainsi l'exilé découvre-t-il que l'origine n'est pas à penser sur le mode de l'originaire. Il a en effet perdu son origine sans pouvoir pourtant avancer qu'il n'y a point d'origine puisqu'il en est le produit le plus manifeste, même dans la perte. La seule issue de cette contradiction, c'est que l'origine est et ne peut qu'être cachée. Pour permettre à l'homme de vivre.

C'est là que l'on comprend en quoi l'enraciné est en proie à l'inconscience et à l'illusion : obnubilé par une origine trop « présente » et prégnante qui l'empêche de vivre et de s'ébattre dans le monde. Il est dans la situation d'un enfant qui vivrait sans cesse sous le regard (et le contrôle) de ses parents, condamné à la paralysie et au phagocytage par cet enchaînement subtil. Les parents doivent en effet s'effacer pour faire place à leur enfant... Ainsi la patrie, le terroir, la maisonnée familiale sont-ils trop « présents » dans l'homme qui en est le produit immédiat. Il faut les briser – et la vie autant que l'histoire s'en chargent inéluctablement – pour trouver ce dont ils ne sont que les signes, les « écorces »... Ainsi, l'erreur de l'enraciné est-elle de se référer à l'origine comme si elle était manifestée, identifiée, réalisée à jamais. Cette attitude pourrait constituer, en fait, une bonne définition de l'identité. Or, derrière cette identité qui s'effondre dans le déracinement pointe le visage de ce que nous avons appelé, temporairement, « l'âme »... La méprise initiale de l'identité et de l'âme est consubstantielle à l'existence : il n'y a pas d'autre voie où passer pour la conscience. Elle ne devient réellement « erreur » que lorsqu'il y a eu déracinement, si le déraciné s'agrippe toujours à elle, dans un repli nostalgique, alors qu'il pourrait accéder à la conscience de l'exilé, qui lui enjoindrait, néanmoins, d'adopter un comportement héroïque... Derrière le passé du présent (du déraciné) se tient un passé immémorial qui, lui, est dans la présence (distincte du présent que le déracinement a révélé défaillant). Rétroactivement, le présent défaillant indique que la présence ne se réduit pas à lui. Ce constat vaut comme un message d'espérance pour le déraciné qui découvre que son présent décevant et en ruines n'est pas la seule issue qui lui reste, qu'il a une alternative, que son histoire continue. Cela l'ouvre au futur. Cette dilatation du présent impulse en effet le mouvement qui fait jaillir le futur : elle propose au déraciné un avenir prospectif et pas seulement une régression au passé, frayant la voie à un horizon inattendu dans la perte de tout horizon à quoi se résume son déracinement. Ce serait comme s'il fallait perdre le présent, quitter le présent pour jouir de la présence. La chose pourrait être énoncée à l'envers : la présence conduirait toujours à quitter le présent (fugace de toute façon) de l'enracinement, à la perte du présent.

C'est la nature de ce présent qui est en effet problématique. S'il s'avère défaillant sur le plan de la présence, c'est que cette sortie hors du présent n'est pas en vérité une « sortie » : on ne sort pas d'où l'on n'est pas entré, d'un lieu où on n'est pas « au-dedans ». De même, est-on jamais réellement parti du lieu d'où l'on part dans le déracinement, s'il s'avère que ce lieu-ci était déjà en retrait, en décalage par rapport à un lieu antérieur, l'origine cachée et oubliée ? L'enraciné est un déraciné qui s'ignore. Mais c'est le choix de l'exilé, et non du déraciné, qui lui délivrera cette connaissance. Le déraciné ne pourrait qu'aspirer à revenir à son point de départ, en cédant à l'illusion que c'est là son origine, alors qu'en fait il lui est profondément étranger. C'est le choix de l'exilé qui donne l'expérience du vrai départ. Or, on n'est un exilé que parce que l'on sait d'où l'on vient et surtout où l'on va. C'est en cherchant à sortir de l'exil, la fin de son exil, que l'exilé se tourne vers le retour. Alors lui apparaît ce qui lui était resté caché :

son enracinement originel constituait déjà une condition d'étrangeté. Dans son enracinement, il était en fait déjà parti, il avait déjà quitté le lieu de l'origine, mais il l'ignorait et se méprenait sur sa condition. Un paradoxe détonnant résumerait cette découverte étonnante : l'expérience du retour, c'est cela le vrai départ ! C'est en effet en voulant se retourner vers son lieu originel, d'enracinement, que l'exilé se rend compte que ce lieu était déjà un lieu d'exil, un lieu intermédiaire, qui, de toute façon, lui a échappé pour toujours : il y retourne, certes, et sort de son exil, mais c'est vers un lieu duquel il n'est jamais parti, si ce n'est dans un temps immémorial, un temps – pour ainsi dire – d'avant la naissance. En somme, l'exilé ne revient jamais à son port de départ, son « port d'attache », mais retourne vers un lieu auquel il appartient électivement, déjà tombé dans l'oubli dans sa patrie d'origine, un lieu caché dans ses racines qui n'en sont que le symptôme, le signe indicateur... C'est au moment où l'on retourne, où l'on se retourne vers l'arrière, que l'on se rend compte qu'on était déjà parti avant même d'être déraciné, d'un départ frappé par l'oubli.

Pourquoi parler, alors, malgré tout, de « retour » ? Cette notion exprime bien l'expérience intérieure qui est faite alors. L'exilé, comme le déraciné, se retourne en arrière, vers le passé qui les précède, d'où ils ont été arrachés. On a vu que le retour est « renversif » pour l'exilé. Mais, plus profondément qu'une expérience intime trompeuse, c'est la nature même du lieu qui impose cette conscience car tout lieu (là où l'on se tient) est en exil de l'origine première et toute appartenance est en exil de cette appartenance élective. Le « chez-soi » enraciné n'est qu'une imitation du chez-soi électif, où se déploie la toute-présence. De la même façon, nous avons avancé que le présent n'est qu'un faible écho de cette dernière... Quelle est la nature de cette présence, du « chez-soi » électif de l'humain ? Quelle est cette autre terre dont l'homme est originaire mais qui reste cachée dans le secret, enfouie sous la terre connue ? Ce n'est pas, comme le pensent certaines religions, le monde de l'au-delà d'après la mort ou, comme le pense la philosophie, le monde des Idées. Il s'agit d'une terre réelle, ou plus exactement, d'un certain type de rapport à la terre. Il n'y a en effet pas de « terre en soi ». La terre n'existe pas en dehors du rapport humain à la terre. C'est une des grandes découvertes de l'exilé : la terre est intérieure, c'est un rapport à soi qui commande le rapport au dehors. Il n'y a pas à rechercher dans l'extériorité un principe de régulation du soi. On pourrait exprimer cette vision des choses autrement : la terre est, avant d'être une réalité, un phénomène de langage. Elle est le produit du langage, existe dans le langage (comme toute réalité) bien plus que dans ses bosquets et ses rivières. La terre concrète est l'expression de la terre de paroles. C'est en ce sens qu'il faut comprendre que la Terre vers laquelle Abraham l'exilé retourne est une « Terre promise », c'est-à-dire objet de paroles. Qu'est-ce que cela signifie en effet pour la terre sinon qu'elle est une réalité humaine et non physique ! L'exilé découvre à cette occasion que le monde dans lequel l'homme se trouve lui est radicalement étranger, qu'il ait ou non une accointance avec tel ou tel de ses lieux. La nature ne peut lui fournir son chez-soi électif, tout au plus un chez-soi temporaire, fragile, transitoire... L'humanité est une réalité essentiellement intérieure, qui ne peut que s'adosser au monde naturel pour planter sa tente. Elle n'y a pas de racines et elle ne doit pas céder à la tentation d'y pousser des racines. Le monde électif de l'humain, c'est le langage qui porte le monde. Il ne faut point entendre dans ce jugement une condamnation de la terre et de la vie physique mais plutôt le choix de l'humanité qui, par différence de nature, ne pourra jamais faire corps avec la terre, ni s'identifier à elle... sinon dans la mort. Elle lui restera à jamais externe, étrangère. Mais c'est dans cette extériorité, cet exil inhérent à l'existence, que se réfugie la présence, recueillie dans la tente démontable de l'humanité, pour toujours au-dedans, qui y est plantée, au fil de sa pérégrination solitaire. L'extériorité, la nature ne sont nullement mauvaises en soi mais extérieures à l'homme. Peut-être sont-elles inachevées dans l'ordre de l'être – en tout cas humain –, si bien que l'homme ne puisse se confondre à elles, à moins que ce ne soit l'homme lui-même qui serait encore prématuré, pas vraiment né, si bien qu'il ne pourrait trop s'exposer au-dehors...

Toujours est-il que c'est dans cette intériorité que réside la présence, qui ne peut s'exposer ainsi au-dehors, dans le monde de l'entropie et du cycle de la nature, des morts et des renaissances infinies. La présence est au-delà de la mort, elle englobe la mort et la perte (qui supposent malgré elles son existence). Cette intériorité, cette humanité (humanisation de la nature ?) – tout comme le langage –, abritent le monde. Il faudrait ici renverser notre sens courant de l'orientation. Nous pensons, en effet, que l'intériorité est au-dedans de l'extériorité et que l'humanité est dans le monde : c'est l'inverse qui est vrai. De la même façon, le langage ne parle pas en nous et n'est pas pour nous un instrument. C'est nous, humains, qui parlons *dans* le langage, plus grand que nous. C'est en ce sens que la présence attachée à la terre intérieure s'ouvre à nous comme une demeure, une habitation d'un genre unique : le plus léger porte le plus lourd. C'est en ce sens que cette demeure s'ouvre à nous en tous lieux et à tout moment, même si elle est « posée » dans certains lieux électifs. Nous pouvons à chaque instant y entrer (c'est-à-dire sortir de ce monde) pour nous abreuver à sa fraîcheur réconfortante.

Que faut-il entendre par « sortir de ce

monde » ? Non pas y renoncer, non pas opter pour l'ascétisme, non pas le dénigrer mais s'y comporter en fonction de la présence, comme si on s'y tenait face à une présence alors que tout semble nous dire le règne de l'absence dans le monde, comme si on y était en présence de quelqu'un d'autre, malgré et dans la solitude qui nous colle à la peau. Cela nous aide à comprendre la nature de la présence pensée comme « demeure » : on y est toujours *auprès* de quelqu'un d'autre. C'est cet autre qui fait la demeurance, car la présence – même si elle semble solitaire et héroïque dans l'absence qu'est ce monde – est toujours accompagnée. Une demeure vide serait un lieu d'extériorité terrible ! Un assemblage de pierres et non une demeure. On retrouve la dimension du langage (qui suppose au moins deux interlocuteurs) et de l'humanité (qui suppose une collectivité). Ainsi le « chez-soi » est-il toujours « auprès » d'un autre. Demeurer, être présent n'a rien à voir avec un absolu transcendant et lointain. C'est être auprès de quelqu'un d'autre.

La présence est toujours double, dialoguale, irréductible à une unité monolithique d'où un autre serait exclu et qui n'en ferait qu'une complaisance narcissique. Cela nous ouvre à la méditation de la notion d'unité que la notion de présence appelle nécessairement. En effet, nous ne ressentons l'absence que dans la séparation. Le sentiment d'aliénation en est l'expérience la plus forte. On se sent autre (*alienus*) que soi-même, étranger (*alienus*) à soi-même, séparé de soi-même, si bien que notre tendance spontanée consiste à rechercher une présence qui expulserait cet « autre », cet étranger, qui s'est introduit en nous, au point qu'il nous en chasserait, pour refaire notre unité perdue. Or la présence n'est pas monologuale : elle circule sans cesse, ce qui suppose au moins deux supports, deux ports d'attache... Ainsi l'unité qu'entraîne véritablement la présence est-elle sans aucun doute double ou, plutôt, cassée en son milieu, séparée en deux car si elle était double, elle pourrait se dédoubler, se répéter elle-même, alors qu'ici elle fait place à quelqu'un d'autre. Quand on s'abreuve à la présence, quand on pénètre dans la demeure de la présence, c'est comme si on s'abstrayait de la multiplicité et de la division du monde pour s'unifier, mais cette unification est uniquement intérieure, abstraite, sans matérialisation réelle car elle sauvegarde la présence de l'autre. L'unité plane entre les deux partenaires du dialogue sans jamais se poser sur l'un ou sur l'autre. L'altérité dans l'être est irréductible.

V

L'ORIGINE IMMÉMORIALE : L'ORIGINEL ET L'ORIGINAIRE

D'où peut-il venir qu'il y ait dans l'être une telle faille, que l'exil révèle derrière le déracinement ? La présence ne se résume, en effet, jamais à elle-même : elle est insaisissable et ne peut être l'objet d'une emprise, surtout si on la recherche expressément. C'est par le truchement d'un autre qui se tient imperceptiblement en elle qu'on réussit à la rencontrer. C'est cette présence intempestive de quelqu'un d'autre dans la présence qui génère ce sentiment de faille. Le drame de l'unité peut en éclairer la portée. L'exilé est en quête de l'un, en effet, parce qu'il a été séparé de lui-même, mais il sait – à l'inverse du déraciné – qu'il ne peut accéder à cette unité (perdue) dans le sens où il referait corps avec elle, comme autrefois, alors qu'il n'avait conscience ni de lui-même, ni de l'unité. Tout le problème de l'exilé est d'arriver à comprendre en quoi il peut se tenir en dehors de lui-même, tout en restant lui-même, comment l'expérience d'un autre a pu surgir en lui-même, comment l'unité compacte des origines a pu laisser s'échapper un autre, car il est devenu autre à lui-même en ce qu'il a acquis la capacité de se voir du dehors de lui-même. Ni avant l'exil alors qu'il jouissait de l'enracinement, ni après, il ne peut ainsi identifier ou reconnaître l'origine de sa conscience d'exister. Le plus loin qu'il puisse remonter dans le déracinement et l'exil, c'est le moment d'éclipse du déracinement, de l'arrachement et de la séparation. Il serait logique de penser – comme le fait le déraciné – que son origine précède cette rupture. N'est-il pas identifié comme un « originaire » de tel ou tel pays. Mais il sait, lui qui est un exilé, que cette origine ne peut être *la sienne* puisqu'il ne pourra jamais la réintégrer, faire corps avec elle. Lui a changé entre-temps : un regard intérieur a surgi qui est venu bousculer sa conscience et son identité au point qu'il ne peut plus s'identifier totalement à lui-même. Où est-il en effet, partagé simultanément entre deux lieux, son pays d'origine et son pays d'exil ? Le déracinement autant que l'enracinement pourraient être plutôt considérés comme « son origine ». Ces deux états sont authentiquement vécus par la même personne, malgré leur contradiction. C'est là le propre de la condition de l'exilé et, on l'a compris, de la condition humaine, car tout homme est un exilé qui s'ignore, auquel les exilés, les « étrangers », renvoient son image méconnue. Il faut donc penser la condition d'originaire avec le déracinement ou la séparation. Le jeu de ces deux dimensions opposées est le signe du secret qui pèse sur l'origine, inconnue à la fois de l'enraciné et de l'exilé. La connaissance la plus claire que l'on peut en avoir est gouvernée par le déracinement, c'est-à-dire l'expérience dans laquelle elle m'échappe et se cache. L'origine ne devient en effet un « objet » de pensée que dans le déracinement. Elle n'existe pas en dehors de lui. Malgré le paradoxe, ne nous resterait-il alors comme issue que de concevoir l'origine comme une cassure, une séparation ? Il subsisterait encore une énigme car l'exilé a découvert que l'enracinement premier ne peut être une origine, dans la mesure où il lui est devenu étranger. Que serait-il de ce qui la précède et la dépasse et qui, pratiquement, devrait être plus « originaire » que le déracinement ?

Dans sa lumière, l'enracinement apparaîtrait lui-même comme un oubli de cette origine antérieure que viendrait révéler l'exil. Mais quelle serait la nature de cette origine cachée dans l'origine ? Nul ne peut répondre à cette question, inscrite comme un mystère au cœur de l'être. On ne peut y répondre, certes, en termes de géographie. À quelle terre ferait-elle référence ? Ce pourrait être le « jardin d'Éden » cette terre bienheureuse immémoriale, mais même l'Éden est le résultat d'une transplantation. « L'Éternel Dieu plante un jardin en Éden, vers l'avant/l'Orient » (Gn 2, 8). Comme tout jardinier le sait, c'est avec des boutures d'arbres venues d'ailleurs que l'on plante un jardin. Mais venues de quelle terre ? À défaut de l'espace, c'est la temporalité qui recèle la réponse à cette question impossible. Dans ce moment antérieur à toute origine, espace et temps se rejoignent. C'est comme s'il y avait un temps, en deçà de l'origine, avant le temps de la conscience, qui est diffracté dans les trois temps du passé, du présent et du futur. Ce temps est celui de la présence qui les porte à tous et que cette diffraction suppose comme son axe. Si l'origine est au passé, ce qui est exact du point de vue de l'exilé, et s'il ne peut en aucune façon y revenir, alors qu'il est dans un présent défaillant où il se sent rompu et plongé dans l'absence, et s'il espère malgré tout revenir, son retournement vers le passé, comme vers la première origine, ne peut que le renvoyer vers le futur, le seul temps qui lui reste dans sa quête de présence. La conclusion paradoxale à laquelle conduit cette clarification montre que c'est parce qu'il se retourne et recherche son origine au passé – en sachant que le présent l'a déserté – que l'exilé gagne un futur où ne peut que résider la présence. Ainsi, l'origine derrière l'originaire a-t-elle à voir avec la présence, insaisissable dans le face-à-face parce qu'en elle tous les temps convergent. Qui pourrait se tenir dans un tel lieu sans en mourir ? C'est peut-être la raison pour laquelle il est au secret, caché dans l'originaire qui, pour la perception immédiate, s'avère ainsi une origine illusoire, en tout cas fragile et temporaire. Derrière l'originaire, on peut cependant hésiter à voir dans l'origine antérieure une « origine » pure et simple, dans le sens où elle serait un commencement radical. Ainsi le texte biblique, pourtant récit de la création du monde, commence-t-il par la lettre *bète*, deuxième lettre de l'alphabet, et non par l'*aleph*, sa première lettre, comme on pourrait s'y attendre. Derrière le commencement apparent (« *Au commencement Dieu créa...* »), point le vrai commencement qui, du fait de cette occultation, n'est pas exactement un commencement... C'est bien plutôt le déracinement, la séparation (le *bète* a pour valeur numérique deux, il indique la dualité), qui est le commencement, quoique quelque chose le précède ! Ce que nous vivons comme un enracinement serait le résultat d'un oubli, d'une éclipse de la présence qui, elle, n'a ni commencement ni fin. Dirait-on alors que l'oubli est le véritable commencement (sans constituer pourtant un début) ? Il jouerait comme un vide originel, un *nihil*, dans lequel se miroiterait le commencement illusoire – mais il ne peut y avoir de commencement qu'illusoire. L'oubli en serait la condition originelle. Ainsi, l'exil d'Abraham est-il une sorte de re-création du monde qui réitère le faux « commencement » que décrit le Livre de la Genèse dans son intention véritable qui ne peut se manifester qu'après coup. Abraham est la véritable origine du monde. En quittant Babel, il quitte une ville dont il est originaire mais qui n'est pas sa patrie élective. Babel s'avérant une illusoire origine, il n'y remettra plus les pieds mais atteindra un pays qu'il ne connaît pas et qui est sa véritable origine. Distincte du commencement babélien. C'est ce qui explique pourquoi, en quittant Babel, il part vers l'inconnu. À l'instar d'Abraham, toute âme revit dans sa vie propre la re-création du monde et refait tout le parcours de l'humanité, mais sans être sûre de retrouver l'héroïsme abrahamique. La question de l'origine se rejoue sans cesse.

Pourquoi l'oubli est-il caché dans l'origine ? Peut-être pourrait-on le considérer comme l'évidement qui précède l'accueil de quelqu'un d'autre : ce moment où je me déprends de moi-même pour faire place à un autre, où je m'oublie moi-même, à l'instar de l'ensommeillement de la femme enceinte portant un autre être et que le début de sa grossesse porte à somnoler ? Je peux me perdre, certes, dans cet instant, et l'oubli peut me gagner et étendre son voile sur l'hôte que j'accueille. Le paradoxe de cet oubli veut en effet que ce qu'il recèle, son fruit, le rejette et le transperce, car l'éveil de cet oubli correspond à une séparation, un arrachement qui l'expulse en ouvrant la voie à la conscience de l'exil.

C'est comme si cet oubli premier, oubli de

l'origine(l) – que plus tard je percevrais comme un secret irreprésentable – était la condition de ma liberté future dont la geste de l'exil serait le drame. L'oubli frapperait l'âme dès son origine pour qu'elle puisse se lever et faire son chemin dans la liberté, sans le poids de l'hypothèque que fait peser sur elle le fait d'avoir une origine. Il serait aussi condition de liberté parce qu'il provoquerait un amoindrissement des réflexes de défense du moi qui le poussent à tenter de se saisir de lui-même, en s'identifiant totalement avec lui-même, c'est-à-dire avec le passé. La mise en suspens du passé qui se trame dans l'oubli ouvrirait donc au futur, rendrait possible le dévoilement de la présence, par-delà une temporalité encore non advenue, où l'on ne peut rien posséder. Le passé serait ainsi à la fois déjà né et mort (l'originaire) et, au moyen du forceps de l'exil, à naître (l'originaire sans origine, l'originel). En ce sens, l'origine, derrière l'originaire (d'où le « retour »), apparaît à l'exilé au futur parce qu'elle relève de la présence, englobant tous les temps. Pour celui qui est encore rivé au passé (le déraciné), l'origine comme présence plus grande que le présent et le passé-du-présent ne peut se manifester que par l'intermédiaire du futur. Effectivement, le passé semble mort et lointain, perdu, le présent semble défaillant, et pourtant l'exilé recherche de la présence. Pour la trouver, la seule issue consiste à « sortir » de la division des temps, à se rendre compte qu'il aspire à une temporalité plus grande et exigeante. Cet élan vers elle, il en trouve la force dans le constat que lui seul et le déraciné font : le présent est défaillant et toute la présence ne peut s'y rassembler. Le déraciné se contente, lui, du passé où cette présence fut vécue, c'est-à-dire sans s'avouer son propre décalage d'avec le passé. L'exilé se rend compte, au contraire, que toute la présence n'était pas présente dans ce passé. Dans l'enracinement, le présent est vécu dans une adhésion étroite au passé si bien qu'on n'y sent pas le temps passer. En revanche le futur est absent : il n'y a pas de mobilité possible. D'une certaine façon, l'enraciné ne sait même pas qu'il y a du temps. Seule la mort le lui révélera, tragiquement. Dans l'exil, le présent (de la présence) est vécu dans une adhésion étroite au futur et comme la question de l'origine y est au centre, le futur et le passé se rejoignent. Dans la présence (plus grande que le présent défaillant). Toute cette migration de l'âme ne se produit donc que dans l'expérience que le présent est défaillant, recèle un manque, une absence d'autant plus tenaillante que l'éclair de la présence y luit subrepticement. Le présent est un clignotement permanent de la présence, son souvenir dans ce qui est déjà du passé. C'est parce qu'il y brille que le futur, la sortie hors du passé, est possible. Mais ce futur ne manifeste pas la toute-présence, ce qui aurait pour effet de détruire l'âme en rendant impossible sa migration, en la submergeant de trop de lumière, qu'elle ne peut supporter tant qu'elle n'a pas connu l'épreuve de la séparation qui l'aguerrit pour sa marche. L'âme accédant à la présence ne peut être qu'héroïque. Lorsqu'il est baigné par l'onde du futur, dans l'exil donc, le passé n'est plus cadavérique mais embryonnaire, en puissance de naissance. La terre originaire, le sentiment de l'originaire, n'y est donc pas voué à la perte, comme une pure illusion, mais rehaussé, élevé à un stade supérieur où sa vérité se dévoile.

Contrairement donc à ce que pense le philosophe socratique, l'oubli n'est pas négatif. La philosophie a du mal à sortir de l'originaire. Toute vie est pour elle un oubli dont la seule issue est la réminiscence du passé, réminiscence du monde des Idées, tenu pour être le cadre de la présence absolue. C'est en se souvenant du passé dans son existence présente que, dans sa perspective, l'homme renoue avec cette présence. En méditant une telle conception, on serait plutôt tenté de renverser les données de cette définition. En effet, dans le regard du philosophe, le présent de l'existence n'est en fait qu'un passé irrémédiablement voué à la mort – c'est la conclusion qu'il tire de la défaillance du présent –, tandis que la seule véritable présence s'avère au passé, en deçà de toute existence réelle dans ce monde et ce corps-ci. La philosophie n'a pas ainsi le futur, elle n'est pas héroïque, même si elle sait être ascétique. C'est la tradition d'Abraham qui a ouvert les vannes du futur pour la conscience humaine. La pensée prophétique se dresse ainsi comme le vis-à-vis unique de la philosophie car, pour le prophète, si le présent est, par de nombreux points de vue, défaillant, c'est qu'il n'est pas encore né. Le passé est à naître à l'instar de l'embryon, et le futur est sa voie difficile mais royale. La parole prophétique délivre ainsi, dans la conscience, un sentiment extraordinaire de présence qui ne se dément pas depuis 4 000 ans !

L'exil éveille ainsi l'oubli (l'originaire) au souvenir de l'origine, de la présence cachée derrière le passé mais, parce que l'oubli est inévitable, comme nous l'avons vu, l'origine n'est accessible que par l'intermédiaire du souvenir. Derrière l'originaire se tient l'originel. On y accède de façon différée, comme dans un décalage. C'est en nous souvenant du passé, d'une présence plus lointaine que le présent, que nous jouissons au mieux, effectivement, de la présence. Le résultat est paradoxal. Cela voudrait dire que seul l'exilé jouit de la présence et pas l'enraciné et encore moins le déraciné qui n'en perçoivent qu'un lointain effet. Certes, cette présence est au passé, du fait de la quête de l'origine qui saisit le déraciné autant que l'exilé, mais comme nous l'avons vu, c'est une illusion d'optique qui s'explique par le fait que la seule présence connue pour celui qui l'a perdue ne peut être qu'au passé. En vérité, le souvenir peut s'avérer être une puissance d'avenir et de futur, car il est la voie de la présence, par-delà la présence connue dans le passé : il est la voie de la reviviscence de la présence par-delà sa disparition, c'est-à-dire sa chute dans le passé. Il porte cependant en lui une relative passivité : il témoigne en effet du décalage, du clivage qu'il y a dans l'être, du fait de la présence de l'autre. Le hiatus du passé et du présent au-dessus duquel le souvenant « saute », cette marche qu'il gravit en se souvenant, témoigne du décalage qu'il y a entre le présent et la présence, décalage irréductible si ce n'est dans le souvenir, où la présence se vit comme par « procuration ». Le souvenir exige une action, l'exercice de la volonté. C'est un drame. C'est pourquoi il est le fait de l'exilé qui a refusé la pente facile du déracinement, en cherchant un retour qui ne soit pas un retour à l'originaire mais qui soit, tout de même, retour. Le souvenir peut ouvrir sur l'espérance – car l'origine est plus grande que l'originaire – et la présence, au-delà du futur, même si elles sont cachées en apparence derrière le passé et l'originaire...

Toute différente est la mémoire, irrémédiablement passive. Elle est le propre du déraciné qui n'aspire qu'à retrouver les frondaisons qu'il a perdues dans le déracinement. La mémoire s'impose à lui comme une réminiscence, une remontée non maîtrisable du passé dans le présent défaillant. La mémoire est tragique car dans sa perspective le passé est irrémédiablement mort et le présent défaille. On ne peut que l'évoquer en le laissant là où il est, avec un regret éternel : on y fait en effet son deuil de la présence parce que l'on croit, illusoirement, que le présent défaillant est la seule présence possible au point que l'on aspire à reconstituer – de façon purement esthétique – une présence en fait perdue à jamais. Pas d'espérance pour la mémoire mais la nostalgie et le deuil. Les endeuillés de la présence l'ont enterrée à jamais. La réminiscence socratique – que nous avons définie comme la « mémoire » – est finalement adéquate à la conception que le philosophe se fait de l'existence : une vallée de larmes, une déchéance. Il a fait son deuil de la présence au nom d'une présence intemporelle, jugeant que jamais la présence ne rejoindra le présent... Telle n'est point la perspective du prophète pour qui la présence est trans-temporelle, effervescente, appelée à baigner ce monde-ci de ses eaux et non à miroiter comme une oasis dans un désert aride. Pour la philosophie, la présence a irrémédiablement déserté le monde : on ne peut la rechercher qu'en renonçant au monde. L'exil est – à l'inverse – une modalité de participation au monde. C'est le futur, comme puissance de présence, qui y devient objet du souvenir. Le passé irrémédiable, comme présence certes mais à jamais défunte, est l'objet de la mémoire.

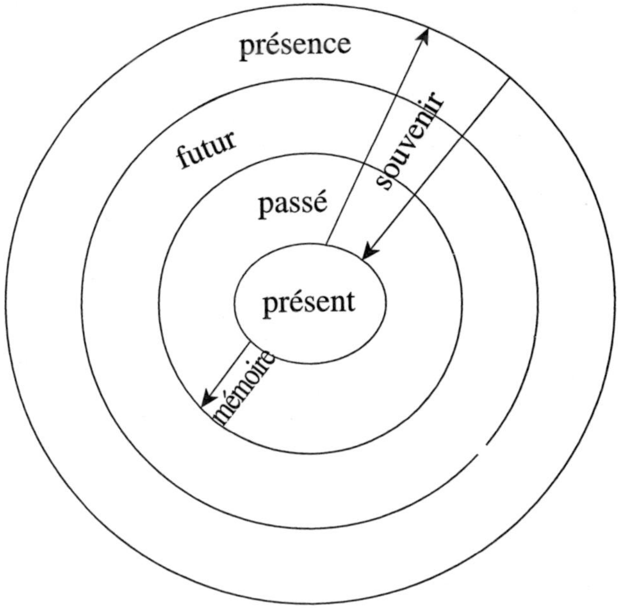
présence
futur
passé
présent
souvenir
mémoire

VI

L'ÉTRANGER DANS LA DEMEURE

Quelle sagesse de l'existence tire-t-on de l'exil, de cette vie en espérance capable de triompher du deuil ? La découverte de la présence d'un « étranger » dans la demeure est l'occasion de comprendre que la présence ne se donne pas immédiatement car un clivage subsiste en elle. Mais il y a une demeure. Au terme d'une migration héroïque, l'exilé a enfin trouvé la demeure après laquelle il soupirait tant, demeure tout intérieure, au sein de laquelle subsiste encore une part d'extériorité irréductible. C'est en renonçant à réintégrer totalement ses foyers originaires, en se dissociant du désir de ré-enracinement, c'est-à-dire en sortant de la logique du déracinement, qu'il reconnaît cette irréductibilité. Ce à quoi il renonce en fait, c'est à l'intégralité – voire à l'intégrité – de sa subjectivité. L'exilé accepte alors que subsiste dans cette demeure une part à jamais insaisissable. Il a découvert qu'habiter, c'est être étranger, comme l'exprime bien la langue hébraïque dans laquelle le terme qui désigne l'étranger (*ger*) est formé par le verbe « habiter » (*gar*). Ce « renoncement » (à la toute-puissance, en fait), il sait qu'il n'est pas une défaite mais un signe de sagesse. Il accepte désormais – parce qu'il s'est libéré de la nostalgie régressive du déraciné – que le monde soit irrémédiablement en dehors de lui, qu'il lui en échappera toujours une part, que lui-même ne fera jamais totalement corps avec lui-même et que la séparation est inscrite dans son être sans en chasser pourtant totalement la présence. Bien au contraire. Tout lui deviendra dès lors proche et présent, tout sauf « quelque chose », tout sauf un, cet élément témoignant de l'irréductibilité de l'absence et l'absorbant toute. Il sait que cette absence n'est pas le défaut de la présence mais, au contraire, sa condition, l'aura de sa manifestation, le vide qui entoure l'événement.

La morale la plus forte qui découle de l'exil se récapitule toute dans le refus de la perte conjugué paradoxalement avec la confrontation permanente au vide. L'exilé marche, pour ainsi dire, sans cesse au-dessus d'un abîme. La tentation du néant l'aspire parfois mais le souvenir de la présence le retient. Chaque instant porte avec lui son vide mais aussi son appel de présence. Aucun moment n'est mort, l'animation est permanente parce qu'il a refusé la nostalgie. C'est en lui que se fait une alchimie du passé transsubstancié en puissance de futur. La tâche est lourde et pourtant légère : il témoigne en effet du vide de la présence parmi les enracinés. Ces derniers ont besoin de lui parce qu'il dégage une effervescence qu'ils n'ont pas et qui confère à la présence un visage fascinant – et pourtant il les terrorise parce qu'il leur révèle ce qu'ils ne veulent point savoir d'eux-mêmes, le leurre de leurs racines. La rencontre avec l'exilé, pour qui n'a pas connu le déracinement, est abrupte et pleine de malentendus. L'exilé y apparaît comme un paria drainant sur lui toute la mauvaise conscience des enracinés. Ce paria inscrit dans la socialité le hiatus propre à l'existence mais au lieu de reconnaître en lui un élément mobile et créateur, la société l'éternise dans son exclusion et le fétichise. Un homme incarnera alors électivement la condition de paria de l'humain pour tous les autres qui s'en libéreront sur lui. Le rite magique du bouc émissaire n'est pas loin. Tout prédispose en effet à ce que l'exilé se distingue, avec une inquiétante étrangeté, dans la société des enracinés, en rappelant aux inconscients l'essence même de leur refoulement. Ils se purgent alors de leur angoisse, en lui en attribuant la responsabilité, comme s'il était le fauteur de trouble que son témoignage objectif répercute. La condition de l'exilé est ainsi bien plus dangereuse pour l'ordre des bien-pensants que celle du déraciné. La menace que celui-ci fait peser sur lui est moindre car ce déraciné se pense toujours en fonction des critères de l'enracinement, les critères mêmes de l'ordre établi. L'exilé ouvre en revanche la cité à un autre horizon... La condition de paria constitue cependant une terrible épreuve pour l'exilé qui ne l'a pas choisie mais que son choix lui impose du fait des hommes parmi lesquels il vit. Il ne peut se reposer sur rien ; ses proches, eux-mêmes, peuvent lui faire défaut ; son pas sur le sol peut devenir équilibre au-dessus du néant. La condition de paria n'est toutefois qu'un accident sur son chemin et il faut la dissocier de la condition de l'exilé, même si sa capacité de nuisance peut la détruire du dedans. Dans la xénophobie et le racisme, qui sont les formes de rejet de l'exilé, ce n'est pas la différence (l'altérité en somme) en tant que telle qui est prise pour cible mais le hiatus existentiel qui traverse les racistes en eux-mêmes et dont ils tentent de se libérer, qu'ils tentent de combler, en y jetant l'exilé, corps et biens, cadavre compris.

Dans son essence la plus profonde, le choix de l'exil est, pourtant, le choix du bonheur le plus adéquat à la condition humaine. Il est avant tout un choix, c'est-à-dire une libre détermination par la volonté – toute volonté est exil ! – d'une voie de vie, alors que l'enraciné est passivement prisonnier de sa condition d'originaire. Cette volonté est le fondement de la liberté humaine, toujours « libération » de « quelque » chose. L'acte de sortie de l'enracinement est la procédure même de la libération, la mise en œuvre de la liberté, toujours « dormante » en l'homme. À quel type de bonheur ouvre l'exil ? À un bonheur libéré de l'hypothèque de la mortalité. Il faut entendre dans ce terme générique tout ce qui nous éprouve, nous éloigne de nous-même, chasse de nous la présence et nous fait souffrir. La mort en est la figure la plus oppressante, car elle nous sépare de notre propre vie, mais l'épreuve a bien d'autres formes. L'exilé a intériorisé en effet la séparation, non point parce qu'il aurait fait son deuil une fois pour toutes de la présence (que la séparation semble annuler), mais parce qu'il a ouvert la séparation à la positivité : elle n'est plus désormais – dans son retournement – l'antichambre de la mort mais la matrice de naissance d'un monde autre, cadre de l'accueil d'autrui, tout autant qu'elle vaut pour lui – par l'exercice de sa volonté et de sa liberté – comme une naissance subjective. L'exil, dans cette perspective, est une propédeutique à la convivialité et au dialogue qui met face à face deux sujets. Parce qu'il pratique l'accueil de l'étrangeté en soi et force les autres à l'accueillir comme étranger, l'exil est une expérience de l'hospitalité. L'expérience qui place l'homme en situation d'invité l'engage à pratiquer pour les autres l'hospitalité. « *Tu ne vexeras point l'étranger car connaissez-vous le cœur de l'étranger, vous qui avez été étrangers dans le pays d'Égypte* » (Ex. 23,9), rappelle sans cesse la parole biblique. Si bonheur il y a dans l'exil, il est donc forcément étrange car l'homme est naturellement propriétaire et le bonheur lui semble spontanément prendre les formes de l'accaparement, de la possession. Nous avons vu combien le bonheur de l'enraciné était illusoire. Ne se manifeste-t-il pas d'ailleurs, dans toutes les mythologies, sous la forme d'un âge d'or passé, d'un paradis perdu que l'on tente de conserver ou retrouver ? C'est en poussant des racines dans le ciel et non dans la terre que l'homme accède à un bonheur qui ne finit pas...

Si l'exil porte une version du bonheur libéré des miasmes qui l'accompagnent, il le doit à l'assomption par le déraciné de la liberté qui le sort de la logique du déracinement. En fait, cette liberté n'est pas absolue ni radicale comme l'homme moderne pourrait le penser quand il se comporte comme s'il s'était « autocréé » sur la table rase des autres et du passé. Si telle était la liberté, elle serait une terrible illusion, voire une forme de suicide, car elle ne reposerait sur rien et serait vouée à se fracasser sur les éléments naturels. Ce fut l'expérience des hommes de Babel dont Abraham se sépare. Ils venaient de *kedem*, nous dit le texte biblique (Gn. 11, 2), c'est-à-dire de « l'Orient » comme les traductions les plus courantes nous le disent, mais en fait *kedem* c'est avant tout l'« antérieur ». La fondation de Babel, avec sa tour atteignant les cieux, n'avait qu'une intention : oublier, refouler, nier le souvenir de *kedem*, de cette antériorité vécue comme une blessure narcissique par ces hommes animés de volonté de puissance. Tout homme a des antécédents qui l'engagent avant même qu'il ne parle. Il doit se confronter à cette réalité, justement pour s'en libérer, et donc accepter la réalité, reconnaître que quelque chose le précède, qu'il a des « antécédents ». Cette acceptation pourrait bien définir la passivité impliquée par le déracinement et donc l'exil. C'est parce que l'exilé la reçoit en toute conscience (qui a le choix de refuser la passivité originelle de l'existence, le fait d'être né ?) qu'il peut se confronter à « l'antécédent » et le méditer, le retravailler, transsubstantier le regard tourné vers le passé en regard tourné vers le futur. C'est en effet dans cette décantation de l'antécédent que la nostalgie du déraciné se mue en l'espérance de l'exilé, car ce qui est de l'origine (et non de l'originaire), comme nous l'avons vu, est en dehors de la temporalité dissociée (séparation des temps) et se tient dans la présence permanente qui porte, elle-même, tous les temps. C'est le statut même de « l'antécédent » qui change alors : de passé mort et cadavérique qu'il était, il devient une source incandescente de lumière et apparaît non plus comme un reste misérable et encombrant mais comme un trésor abondant. Ce qui était à l'état de vestige se manifeste comme quelque chose qui, en réalité, était en plus, en trop : un surcroît. Il y avait une abondance (cachée) à l'origine, que l'on ne voyait pas ou que l'on tenait pour un donné inerte et mort (le passé). Il s'avère qu'elle était une ressource de présence, inscrite au cœur même de l'absence du monde. La lumière de la présence transparaît alors dans ce que nous tenions pour un passé et le transfigure, l'immerge dans la présence : c'est de cette transsubstantiation que naît le futur, c'est à travers le sentiment que nous avons du futur qu'elle se manifeste à nous qui sommes enchaînés au passé. Ce miracle de la présence explique pourquoi cette expérience prend pour l'âme l'aspect d'une révélation et d'une illumination extatique. Ce qui précède le passé, en quelque sorte, dépasse, en même temps et déjà, le futur... L'exilé est celui qui, parce qu'il a renoncé au passé antérieur et renoncé à le rejoindre, découvre ce que l'on pourrait définir comme le *futur antérieur*. À cet instant, tout ce qu'il y a de « donné », de passif dans l'existence se fait tremplin à la libération et à la volonté.

Il se produit comme un télescopage des temps, le passé renvoie au futur... Cette énergétisation du temps pourrait bien être une expérience de la présence, rayonnant de ce va-et-vient fulgurant de la temporalité. N'est-ce pas ce qui se trame dans le Nom divin qui s'annonce dans le cheminement ouvert par Abraham ? YHVH dérive du radical de l'être (HVH), avec la désinence du futur (Y), mais le verbe être ne se conjugue pas au présent en hébreu : il n'existe qu'au passé et au futur..

L'expérience tient ainsi souvent de la révélation, de l'éclair, de l'illumination. C'est ce que certains saints et penseurs ont vécu un jour dans leur vie spirituelle. Soudain, dans la grisaille du lent cheminement des jours, tout s'illumine d'une lumière immense qui éclaire d'un jour nouveau le jardin de l'existence. Temps critique qui change irrémédiablement le cours de la vie. On pourrait le définir comme le temps de l'espérance : tournée vers le futur et même plus loin que le futur, la présence – au point de se libérer de l'obsession du futur car c'est le télescopage du passé et du futur qui compte plus que tout parce que c'est lui qui produit de la présence, le bien le plus précieux. L'attente messianique compte ainsi autant que l'arrivée du messie... Nous avons déjà médité la dimension ascétique que cette conscience implique, avec la notion de décalage ou de hiatus. Cette vision des choses (l'ascétisme) se justifiait par rapport au « petit » présent du cycle du temps. L'espérance témoigne en effet de ce que la présence n'habite pas encore le temps, qu'elle n'est pas toute rassemblée dans le présent. Elle introduit dans la conscience une sorte de vide, érodant pour l'existence. Or, du point de vue de la présence (plus grande que le « petit » présent), ce décalage prend une signification supplémentaire : il devient le signe positif et resplendissant de l'expérience même de la présence. L'espérance cesse alors d'être une épreuve pour devenir une joie enthousiaste. L'âme a dû cependant parcourir tout ce chemin que cette vision exultante couronne. L'exilé a refusé la passivité du déraciné, il l'a combattue, tout en l'ayant reconnue et assumée. L'espérance, exultation du présent en présence ! L'identification de l'étranger dans la demeure – reconnaissance éprouvante s'il en est – a délivré la présence cachée dans la demeure : l'étranger n'y est plus assigné à un mutisme obsédant, il parle et c'est dans ce dialogue que fleurit la présence.

Il y a dans cette ascension comme un combat avec soi-même. Combat de Jacob avec l'ange, au terme duquel Jacob, au sortir de l'exil, reçoit son nom en toute conscience et non plus seulement dans le rêve (l'échelle de Jacob) au moment où il quittait la Terre promise pour l'exil ! Jacob lutte en fait avec l'ange du Lieu, l'ange de la Terre. Cet ange a une face qui est la face que la terre renvoie à l'homme et en laquelle l'homme a tendance à se reconnaître. Au terme de sa pérégrination, l'âme se confronte nécessairement à elle et elle doit la transpercer – se battre donc avec elle-même – pour pouvoir passer, en elle-même et dans le monde... C'est ainsi que l'exilé découvre alors qu'habiter, c'est être étranger ! À la façon d'Abraham identifié comme « *étranger-résident*» (Gn. 23, 4), de la présence (« *tu ne saurais me voir et vivre* » Ex. 33, 20), à la façon d'Israël, « *la terre est à moi car vous n'êtes que des étrangers domiciliés chez moi* » (Lv. 25, 23).

Étranger dans une demeure qui accueille aussi nombre d'autres. Étranger dans la mesure où l'on ne peut s'approprier à soi seul cette demeure où, de toute façon, on ne fait que passer. Étranger dans la mesure où l'on ne peut s'identifier à une demeure de pierre. Étranger dans la mesure où l'abri de la demeure recèle le vide de ses salles. Étranger dans la mesure où l'on ne peut y fermer la porte sur soi en laissant les autres au-dehors.

Une fois que l'on a accepté cette réalité, alors on peut y vivre et aimer, y être heureux. Alors commence l'autre phase de l'exil, le retour.

VII

LE RETOUR DE L'EXILÉ

L'étrangeté qui gagne l'exilé recelait donc une demeure : elle portait la présence. Au bout de l'exil s'annonce la fin de l'absence, le retour. L'illumination de la présence représente ce moment d'inversion, de conversion, où l'exil se mue en retour. Mais c'est *l'exilé* qui retourne. Dans ce retour, l'exil n'est pas en effet annulé par une reconstitution à l'identique de la terre originaire. Il y a bien un retour à une terre très concrète et réelle, mais cette terre s'inscrit désormais dans l'originel. La présence que l'originaire recelait se voit alors immergée dans une présence plus grande, jaillissant de l'originel. La terre y était devenue « promise », instance de la parole. La terre ne change pas, en fait, mais l'exilé, qui cesse d'être un déraciné. C'est comme si son identité se voyait alors restructurée, définie non plus par rapport à l'originaire – rapport de l'identique – mais pas rapport à l'originel, caché dans et par l'originaire et référence de l'en-dehors de l'identique. L'identité qui a nourri et soutenu son cheminement, sa migration, tombe alors, comme la mue d'un serpent, devenue caduque. Elle n'est pas anéantie, certes, mais elle se réorganise autour du vide de l'exil qui, désormais, s'avère ne pas être ce néant, ce cancer qui la ronge et contre lequel elle lutte, mais une matrice de naissance, portant le germe du retour.

Le retour est capital pour l'exil car, sans lui, il ne serait plus que déracinement. Mais s'il n'y a d'exil que parce que l'exilé est en attente d'un retour, la persistance de l'exil, le témoignage de son souvenir dans le retour est aussi déterminant. On resterait toujours, autrement, dans la nostalgie du déraciné qui aspire à retourner à l'identique, à se réenraciner. Or le retour *d'exil* n'est pas un réenracinement. Si le « retour aux sources » – qui est le désir de l'enraciné – est illusoire parce qu'il équivaut à refaire corps avec la terre perdue, le retour d'exil vaut pour l'exilé comme une renaissance, une résurrection. Ainsi, il y a encore du vide dans le retour mais, cette fois-ci, confirmé comme un lieu d'avènement de la présence et non comme le néant qui terrasse le déraciné.

De ce point de vue, un autre danger peut planer sur le retour : l'impatience que l'exilé peut manifester au moment où il aborde la rive de la promesse, un sentiment qui chasse la présence parce qu'il témoigne d'une volonté de maîtrise et non d'hospitalité. Ce danger, on pourrait le définir comme celui de « l'utopie », cette tentative de définir le futur avant même qu'il ne se manifeste. L'utopie se projette dans le futur, certes, mais elle constitue un dévoiement de l'espérance car là où cette dernière est ouverture, elle est fermeture. Elle voudrait se saisir de l'avenir avant même qu'il ne se fasse. En fait, elle reste toujours prisonnière du passé qui prédétermine, dans cette projection, le futur et le colonise. On perçoit ici avec précision le rôle que joue le futur dans l'accès de la présence. Il maintient son effervescence, sa mobilité, sa permanence, en repoussant son incarnation dans un monde où il y a de la séparation. Mais la présence, elle-même, produit de la séparation pour se manifester. Cette séparation est justement le futur, la haie qui sépare le passé de la présence et dont le présent temporel est le signe. En décrivant *a priori* les traits de la Cité parfaite, les utopistes, à travers l'histoire, ont figé l'horizon d'avenir qui clignotait dans les périodes de crise.

Alors qu'il aborde la terre du retour, l'exilé n'a donc pas fini son combat. C'est la dernière épreuve qui l'attend, la plus dure car, proche des délices du retour et du charme merveilleux de la présence, il doit pourtant résister à l'appel de ces sirènes pour que l'espérance du retour n'échoue pas. Au sortir de l'exil égyptien, le Veau d'or guette ainsi la descendance d'Abraham. C'est pour cela que l'exilé a besoin de sauvegarder l'instance du futur dans son accès à la présence. Le futur joue ici un rôle semblable à l'interdit de re-présentation de la présence. Un semblable interdit cache à la vue d'Abraham, l'exilé, l'éternelle présence qu'est la Divinité dont le nom YHVH module l'être, HVH, sur le futur (le préfixe Y). C'est justement à cet instant que l'interdit de représentation trouve toute sa signification et son importance. Il préserve la présence de son dévoiement, en sauvegardant le futur de son engloutissement possible dans le passé. L'utopie est la forme par excellence de ce dévoiement qui fait passer la re-présentation – dont l'acteur est l'artisan – pour la présence.

Le retour – qui, comme on l'a compris, est *re*tour vers une présence antérieure au passé et en deçà de tout passé, que nous avons définie comme le futur antérieur – fraie la voie à une nouvelle éthique, qui modifie le rapport de l'exilé au monde, à la terre, au temps, à la cité. Qu'est-ce que le monde ? On entend par là un état de conscience, le rapport au temps et à l'espace qu'implique toute existence, la démarche générale face à l'étant, à ce qui est là. Or, le retour bouleverse ce rapport. L'enraciné (ou plutôt sa conscience éveillée : le déraciné) reçoit le monde comme un donné passif et massif, inerte, que la notion de passé ou d'antécédent résume au mieux. Ce donné hypothèque en quelque sorte la conscience qui aspire à la liberté, si bien que les hommes cherchent à lui échapper, au mieux qu'ils peuvent. Le ré-enracinement était une stratégi possible (refaire corps avec le passé au point de l'annuler comme passé mais... en perdant le présent), le dualisme du philosophe en était une autre (se détacher radicalement du cadavre inerte du passé pour l'illusion d'une présence éternelle dès ce monde-ci). Avec le *retour*, c'est un rapport nouveau qui est mis en œuvre, dans lequel le monde se voit abordé à la façon d'une « reprise » du donné et de la réalité, comme s'il était au départ inaccompli et embryonnaire, comme s'il nécessitait donc un acte de « réparation », une remise sur le métier, une élaboration supplémentaire. Comme s'il fallait lui « rajouter » quelque chose. De fait, nous saisissons ici le pourquoi de la migration d'une âme qui ne naît pas toute faite et qui doit faire son chemin pour advenir à elle-même et au monde. L'être qui nous est donné dans la naissance doit être repris par nous et accompli, comme si nous en étions les co-créateurs, comme si nous étions appelés à revisiter notre passé, à éclaircir l'obscurité qu'il dépose en nous. L'âme est une lumière déposée en l'homme afin qu'elle soit purifiée, éclaircie. Il y a quelque chose à faire dans le monde pour y naître vraiment. Dans la conscience du retour, propre à l'exilé, la stature de l'homme grandit : il reprend, dans la présence, son être donné (dans l'absence). C'est pourquoi l'exil n'est pas renonciation au monde, ni retour simple, réintégration du monde. L'antécédent, le passé, y germe et produit son efflorescence puis son fruit.

Comment comprendre un retour dans le monde qui ne serait pas un ré-enracinement tout en étant une habitation ? À quoi correspondrait-il pratiquement ? Peut-être la notion d'« humanisation » de l'extériorité du monde pourrait-elle nous mettre sur la voie. Elle serait définie par la réciprocité liant les hommes et fondée sur l'obligation mutuelle qui les lierait les uns aux autres, cette réciprocité que ne peut instaurer aucune loi tant que les hommes vivants ne l'ont pas intériorisée. Ce type d'obligation ne se mesure pas, en effet, tout comme l'hospitalité ne se commande pas. C'est peut-être pour cela que l'alliance est la modalité de réception de la Loi que d'une certaine façon elle précède. La grande nouvelle qu'apporte l'exilé de retour, c'est que le monde est avant tout un monde humain, c'est que l'humanité est le monde de l'homme, et non pas l'extériorité de la nature. Son retour met en œuvre justement son humanisation, son intériorisation car, tant que l'exilé se tenait dans l'exil, la cassure entre l'extériorité (les racines tranchées de la terre perdue) et l'intériorité (la terre intérieure apparue dans le refus de la condition de déraciné) persistait. En franchissant le seuil du retour, elles se rejoignent dans une synthèse qui est alors à inventer : l'humanité devient la seule demeure de l'homme.

Si l'on peut comprendre en quoi et com les modalités d'habitation du monde peu être pénétrées de *l'esprit* du retour, il y a cependant plus de difficulté à comprendre comment l'exilé peut ré-intégrer la terre sans s'y enraciner à nouveau, car ici, il s'agit de terre réelle et pas uniquement de symbole. Il faut se confronter à cette réalité paradoxale. Comme l'histoire d'Abraham en est l'exemple, il ne s'agit pas, en fait, d'un retour à la « même » terre. Si Abraham part bien en exil de sa terre originaire, il sort également de l'exil – d'où le retour – en accédant à la terre de l'origine. Est-ce à cette terre que les Babéliens faisaient référence lorsqu'ils parlaient du pays de *kedem* d'où ils venaient ? Derrière Babel, il y a *kedem*, la Terre promise qui bien qu'antérieure (*kedem* : avant), est devenue, avec l'exil d'Abraham, futur (*kidma* : progrès, en avant). Pour les Babéliens, cette terre est en effet irrémédiablement perdue. La Terre promise est ainsi inscrite dans le souvenir de toute terre originaire, là où l'homme est en fait un exilé qui s'ignore dans son illusion d'enracinement. Abraham ne revient pas à Babel, à l'originaire, il accède à la terre de la présence cachée dans l'origine, à l'originel dans l'originaire.

Pour comprendre le rapport à une telle terre, il faudrait comprendre comment l'on pourrait s'installer dans un lieu tout en continuant à marcher. De fait, dans le récit biblique, Abraham continue à se déplacer sur la Terre promise, voire même à la quitter (et descendre en Égypte). Il y a le statut d'« étranger-résident ». La notion de l'étranger dans la demeure prend forme et signification tout spécialement dans le rapport à la terre. Il faudrait que l'exilé de retour ne se départisse pas de sa conscience d'étranger-résident pour que la terre reste promise et que l'originaire ne recouvre pas l'originel, pour que l'enracinement, la régression au passé inerte, enchaîné à l'originaire, ne gagne pas l'exilé. La pensée biblique nous propose la version la plus élaborée de cette idée à travers ce qui est plus qu'une simple valeur morale : le dispositif institutionnel, aux dimensions religieuses, politiques et économiques, qui concerne la tribu lévitique. Parmi les tribus de l'Israël antique qui, au sortir de l'exode d'Égypte (réitération de l'exil d'Abraham), se partagent (par tirage au sort !) la « terre promise », une tribu ne recevra aucun territoire et sera répandue parmi toutes les tribus, ne pouvant posséder des biens que dans certaines villes et ne recevant sa subsistance que du don de la dîme des autres tribus. La « terre promise » ne peut jamais être totalement partagée. Au moment où le peuple abrahamique s'installe, il préserve ainsi en lui, de façon structurelle, la condition de l'étranger, un principe d'étrangeté qui va innerver tous ses réseaux économiques et politiques pour gérer son enracinement. Quand on sait que les lévites ont en charge la responsabilité de l'Arche d'Alliance, puis du Temple, on comprend à quel point cette étrangeté porte la présence au sein de la collectivité, aspirée par l'enracinement et ainsi prémuni de cette tentation du fait des structures mêmes de cette installation. Plus tard, les prophètes reprendront leur flambeau avec une clarté encore plus grande lorsqu'ils appelleront les Hébreux à ne pas oublier « l'alliance de la jeunesse », « alliance du désert » (Jr. 2), du temps de l'exil où la présence les habitait, dans ce lieu entre les lieux qu'est le désert. Ainsi le retour renoue-t-il avec la terre sans pour autant faire corps avec elle. Ainsi l'exilé s'installe-t-il – et il s'installe réellement – en continuant pourtant sa marche, en se conduisant toujours comme un passant dans le monde, ce qu'il est en réalité.

En fait, l'exilé ne peut plus se laisser ravir son âme par l'espace. Dans sa montée vers la terre, il a appris à le surplomber, à le dominer, de telle sorte qu'il le saisirait du dehors plutôt qu'il ne serait saisi par lui. Peut-être l'éloignement propre au déracinement lui a-t-il appris à considérer l'espace dans une perspective temporelle ? À évoluer dans une sorte d'espace-temps où la terre perdue, la Terre promise et retrouvée, se manifeste à lui dans la durée et la temporalité ? Avec l'exil, la terre est devenue une dimension intérieure, plus grande et englobante que l'extériorité. C'est désormais l'intériorité qui assigne sa place à l'extériorité et non plus l'inverse. Le temps du retour est-il pourtant encore celui de l'espérance ? Il devrait logiquement être celui de son accomplissement, puisque l'exilé sort de l'exil vers la terre, enfin réconcilié avec son attente désormais comblée ? C'est un temps redoutable qui commence alors. L'exilé est proche en effet de la matérialisation de son rêve. Sa concupiscence est sur le point d'être satisfaite et la fascination qui en résulte jette un voile sur sa conscience. Le fantasme qui peut ici s'emparer de l'exilé répond au désir le plus spontané de son âme de combler le hiatus de l'existence : en un mot, de reprendre racine. Or, même s'il y a retour, pour l'exil, il n'y a toujours pas de ré-enracinement. Si cela devait être – tout en restant dans l'exil et sans retomber dans le déracinement –, cela signifierait que le monde a implosé, que la nature s'est réellement humanisée au point de ne plus exister comme nature séparée de l'homme. Cela signifierait en d'autres termes que l'extériorité a cessé d'être, qu'elle est tout entrée dans l'intériorité. En somme tout le passé, l'antécédent, se serait dilué et évanoui dans le petit présent, devenu présence rayonnante, absolue. C'est là tout le problème : si le retour à une terre est aboutissement total de l'espérance, cela signifierait que toute la présence est réalisée dans le présent, dans l'instant. Ce prodige est sans aucun doute le propre de l'attente attachée à l'espérance, mais tant qu'il ne s'est pas réalisé, tant que le monde reste toujours en dehors de l'homme, tant qu'il « existe » en quelque sorte, l'espérance doit se méfier de ce mirage qui peut lui être fatal. Elle doit le repousser tant qu'il ne s'est pas concrètement réalisé, tenir en suspicion l'impatience qui peut l'incendier comme un fétu de paille au terme d'une si longue patience et au moment le plus crucial.

Qu'est-ce qui change donc avec le retour ? C'est le statut du hiatus existentiel qui ne disparaît pas mais s'inscrit dans une autre économie : l'aridité devient efflorescence, le désert refleurit. Dans l'accomplissement du retour, il subsiste une attente, un décalage. Le surcroît surplombe toujours, en effet, l'existence. Il ne se réalise pas en se vidant totalement dans le hiatus pour le combler, mais continue à briller comme un horizon, à ouvrir la profondeur du relief qui rend la marche encore possible, alors que l'exilé s'installe dans le retour. Il subsiste donc non plus comme un antécédent inerte, ni comme un futur lointain, mais comme une source d'abondance, toujours affluente, qui coule dans le temps présent. Il se produit en effet avec le retour un bouleversement de la temporalité qui n'est pas son annulation ni sa finalisation anticipée, comme on l'a vu avec l'utopie. Le présent s'y rapproche de la présence, mais la présence ne se déverse pas totalement dans le présent, ce que nous définissons comme l'annulation du temps. À moins qu'il ne s'agisse du « monde qui vient », « qu'aucun œil n'a vu », ajoute le Talmud, monde au-delà du temps messianique du retour qui ouvre, lui, au futur : aucun œil ne le verra car cela signifierait que le monde a rejoint l'infinité divine, ce qui équivaudrait à la fin du fini et de la création... Il y a dans cette idée une grande destructivité qui ne pourrait être assumée que dans la sainteté. Le retour, plus limitativement, élargit l'huis du présent pour accueillir le sens de la présence. Le temps est dans son essence même accueil de la présence. Dans le retour, elle n'est pas re-présentée ni imitée mais accueillie. Alors, le passé n'obère plus le présent, il ne l'attire plus vers l'originaire. Il s'embrase et rayonne comme une lumière transparente. Le futur, de son côté, ne sape plus l'être-là du présent dont la mise en suspens est alors plus atténuée : la présence est plus proche. Il se produit comme une dilatation du temps qui laisse davantage passer la présence sans l'épuiser totalement. Dans ce bouleversement, en fait, c'est le statut de « l'antécédent » (le passé) qui change : il rejoint la présence. Le futur s'en trouve alors comme réduit et « écrasé », aplati, tandis que le présent augmente de volume et s'épaissit : le « maintenant » de chaque instant dure plus longtemps. Le temps semble ne pas passer aussi vite qu'avant. En fait, il « passe » beaucoup plus et devient davantage « passage », emporté par une animation et une effervescence permanentes. C'est de cette maturation alchimique du passé que dépend la présence. « Dans le souvenir est le secret de la rédemption », enseignait le Baal Shem Tov.

Le rapport à l'espace et au temps qui caractérise le retour de l'exilé marque également profondément son lien à la communauté humaine, la façon même dont la collectivité forge des liens. L'habitation de l'étrangeté prend en effet son sens le plus concret quand il est question de la Cité, car elle y correspond non plus seulement à une donnée de l'âme mais aussi à une réalité politique. Or, le propre de la Cité, c'est de définir le groupe humain dans la dissociation d'avec ce qui lui est étranger, dans son exclusion inévitable. La Cité est la façon qu'ont les hommes de puiser dans la présence pour créer un univers dans lequel ils ne se sentiraient plus « aliénés », confrontés à une étrangeté irréductible, mais « chez soi », entre soi, de sorte qu'ils puissent être sans cesse présents les uns aux autres. On comprend combien l'exilé menace la poursuite de ce rêve naturel, à la différence du déraciné qui aspire à retrouver sa propre cité – et accepte donc sa logique –, ce qui fait de lui immanquablement un marginal de la Cité... L'exilé est d'une autre trempe : dans le retour est en jeu une Cité, une demeure collective qui accueillerait l'étrangeté, en la personne des étrangers. Dans cette Cité, c'est le statut du « propre » qui est en jeu. Ses citoyens ne pourraient s'y comporter en effet en propriétaires mais, à l'instar d'Abraham, on l'a vu, en étrangers-résidents. Cela se traduirait concrètement par l'accueil de l'étrangeté dans la citoyenneté, ce qui fait écho au hiatus propre à l'existence et à la conscience collectives. Ce décalage évite l'illusion tragique de la résorption du présent dans la présence totale. Ainsi la Cité du retour, la nouvelle « Jérusalem » des prophètes, qui a tant inspiré les hommes à travers l'histoire, ne pourrait-elle être pleine ni saturée : elle multiplierait les lieux de dessaisissement, de don, de parole, d'inscription de l'étrangeté dans ses murs. Au cœur des ses maisons, dans l'Antiquité, se tenait un Temple – unique – dont l'attribut essentiel était le voile séparant le Saint des Saints, interdit aux hommes, au reste de la ville, inscription d'une ombre, d'un retrait, au sein de la présence diffusée par le Temple et par la Cité. Un lieu restait inatteignable dans la Cité. Ce retrait, comme on l'a vu, ne donne pas le signal de l'ascétisme mais de l'abondance : il démarque la place ménagée à l'abondance pour qu'elle s'y épanche. Ainsi en est-il de l'humanité du retour. Elle ne fait pas corps avec elle-même ni avec la Cité, pour que rayonne en elle la lumière de l'étrangeté.

VIII

LA SAGESSE DE L'EXIL

Quand sa migration s'approche du retour, l'exilé se découvre riche d'une grande sagesse. L'épreuve de l'absence qu'il a traversée est, en effet, une épreuve de l'existence que tout homme vit avec plus ou moins de conscience. L'antinomie apparente de l'absence et de la présence, de la perte et du comblement ou bien du vide et du plein, pourrait bien définir son enjeu. L'humain recherche la présence, son lieu électif, mais tout dans la réalité semble la contrarier. Comment jugulera-t-il ce divorce intime ? Telle est l'affaire de la vie. C'est ce que l'exilé de retour apprend à concevoir, non pas seulement intellectuellement et spirituellement mais aussi dans son quotidien le plus trivial. Toute une éthique découle de cette expérience. Elle apprend à vivre en réglant sa vie non pas sur le néant mais sur l'abondance, le surcroît, sur ce qui ne se décompte pas, écho de l'un au-delà du dénombrement. Vivre en privilégiant le plus, c'est ne plus céder aux sortilèges de l'apparence, ne plus s'en tenir à l'instant ni vivre sous la coupe du passé, mais – à la différence du philosophe socratique –, c'est assumer et traverser l'apparence, l'instant, le passé. Non pas les fuir, ni se livrer à eux, en se donnant l'illusion de les terrasser. Il s'agit pour l'exilé de traverser la perte et de la renverser pour ne plus la recevoir comme un lieu de néant mais d'avènement, d'un être en plus.

C'est d'un travail de la perte et sur la perte que naît ainsi la sagesse de l'exil dans laquelle la conscience se métamorphose dans son rapport au monde. La perte devient pour elle le vide d'une nouvelle naissance, dans l'éveil et la lumière – celle de l'origine –, et non plus dans l'éclipse propre à l'originaire. Derrière la perte – mode d'être de l'originaire –, se profile le vide de l'originel. Il ne s'agit plus pour la conscience de réduire la perte, ce qui la porterait à vivre le vide comme un manque qu'il faudrait combler, mais de la faire imploser, comme si le passé – perte du présent, obscurité dans le présent – se voyait investi d'une lumière qui le ferait rayonner dans le présent. Ainsi le passé (ou la perte) ne se voit-il pas annulé dans le retour mais immergé dans la présence à la façon du buisson ardent qui brûle sans se consumer dans l'exil de Moïse. Dans l'incendie de lumière qui l'embrase, il persiste comme humble buisson sec et sans fleur. C'est le statut de la réalité que symbolise ce buisson et c'est tout un rapport au monde qui se trame ici. La finalité de la migration de l'âme, du déracinement devenu exil et enfin du retour, y est totalement en jeu. Telle est l'expérience traversée par l'âme humaine dans toutes ses déclinaisons culturelles mais dont l'éthique et la signification furent très diverses pour les civilisations qui les portaient.

La conscience d'une migration de l'âme se retrouve en effet dans toutes les grandes traditions spirituelles, mais elle y est vécue dans des économies fort différentes de celle que nous avons tenté de comprendre à la lumière de la voie d'Abraham. Une migration de l'âme est implicite dans la philosophie socratique, que nous avons opposée à l'exil abrahamique. Platon, qui a construit le mythe socratique, propose en effet comme finalité à la philosophie, l'émancipation des apparences pour découvrir le vrai, ou plutôt l'Idée du vrai, du Bien et du Beau. À ses yeux, le monde métaphysique des Idées est plus réel que la réalité dont il faut s'émanciper, sortir, pour se libérer, dans la connaissance intellectuelle. Sur la terre, dans l'existence, l'âme est en exil de sa terre de vérité, elle est dans les fers du corps, son tombeau. Sa vocation est de renoncer à ce monde-ci pour se voir ouvrir les portes du monde véridique. Son existence n'a ainsi aucun sens, ni aucune finalité propre. C'est une fatalité, une ruse des dieux qui l'a fait tomber dans la matière, comme l'affirme

Empédocle : « La génération est une destruction terrible qui fait passer les vivants dans les morts. Jadis vous avez vécu de la vraie vie et puis, attirés par un charme, vous êtes tombés dans l'abîme terrestre, subjugués par le corps. Votre présent n'est qu'un songe fatal. Le passé, l'avenir seuls existent vraiment. Apprenez à vous souvenir, apprenez à prévoir une expiation. »

La voie platonicienne passe donc par la négation du monde. L'enracinement y apparaît comme l'oubli de l'oubli originel – c'est pourquoi la réminiscence, chez Platon, est le moyen de salut de l'âme –, mais la sortie de cet exil, le souvenir donc, ne peut que reconduire l'âme hors du monde à une antériorité sans présent. Platon conçoit la présence mais elle est sans présent ni futur. L'existence ne peut être qu'au passé, c'est-à-dire morte, et la seule issue à cette mort réside dans l'arrachement de l'âme, conviée à vivre intellectuellement la présence (éternelle et immobile car elle est hors du temps qui n'est que sa chute), détachée du monde, en attendant et espérant la mort sur terre comme une délivrance. Cet enseignement philosophique trouvait un complément dans l'initiation dispensée par les mystères d'Éleusis qui introduisaient les néophytes au drame de Perséphone précipitée par Éros dans les enfers pour devenir l'épouse de Pluton, leur souverain, et en attente de la délivrance que lui apporte sa mère Déméter. Ce drame, vécu « réellement » dans des cérémonies théâtralisées, conduisait les néophytes de la mort qu'est ce monde à la libération d'un autre monde, parallèle au nôtre et sans rapport avec lui. Dans cette perspective, les données de la migration sont donc comme renversées : l'enracinement est un exil qui s'ignore, le déracinement est proposé comme idéal. Il ne peut être dépassé dans l'exil et encore moins dans un retour. Le retour proposé est hors de la réalité : il correspond à une vie vécue perpétuellement comme un déracinement. L'âme est en exil dans l'existence. Elle aspire à retourner à l'origine (le ciel divin des Idées), mais elle ne le peut vraiment que dans le retrait hors du monde, dont la mort serait le modèle parfait (quitter le tombeau de l'âme). En attendant, elle ne peut que se dissocier de l'existence pour entr'apercevoir cet univers.

Proche de la voie platonicienne est la voie bouddhique. Le récit fondateur qui nous rapporte la vie de Bouddha commence par la renonciation aux charmes de l'existence d'un jeune prince brillant et gâté, Siddharta. Son père l'avait préservé du spectacle de la souffrance, au point de l'enfermer dans son palais. Découvrant un jour la vallée de larmes qu'est le monde et saisi par la compassion, il décide de « quitter » le monde pour découvrir la vérité. Il s'engage alors dans une ascèse rigoureuse et médite sur le néant, et un état de « ni connaissance ni non-connaissance », afin d'accéder à « l'état sans mort » du *nirvana*. Selon la philosophie du *karma*, l'âme est en effet dans l'errance, se réincarnant sans fin dans des vies non souhaitées dont les actions des hommes sont responsables. Le but de l'existence consiste à se libérer de ces renaissances perpétuelles car l'existence en tant qu'elle est vécue par une personne subjective est un malheur : le désir qui anime le sujet est en effet la source de tous les maux et de toutes les souffrances car il est infini et ne peut jamais être comblé. Le but du bouddhiste est de purifier l'âme de son *karma* jusqu'à ce que l'âme individuelle (*atman*) s'identifie à l'âme universelle – et donc nie sa propre subjectivité – et s'unisse à elle. L'idéal est le non-soi, la non-âme. Le *nirvana* est « non-né », sans origine, incréé, le non-formé. Si le non-né, l'incréé, le sans-origine n'existait pas, il ne serait pas possible d'échapper au monde du né, du créé, de la forme[1]. L'éveil du Bouddha ne se fait que lorsqu'il a pris conscience de la négativité absolue du monde : tout y est souffrance et cette souffrance provient de l'attachement à soi de la personne humaine, prisonnière de l'avidité du désir. C'est l'indifférence au désir et au moi, le détachement qui peuvent libérer de ce cycle infernal. Cette souffrance est définie par l'incohérence et la fragmentation de la vie humaine, sa fugacité, l'absence de soi dans les actes de l'existence. « Toutes choses sont dépourvues de soi » : au centre de

1. Je me base sur l'information rassemblée par Tom Lowenstein : *L'Éveil de Bouddha*, Albin Michel, 1998.

la personnalité humaine il n'y a ni âme, ni soi, ni ego. « La souffrance existe mais non celui qui souffre. » En fait, ce qui, pour Bouddha, est le signe de la souffrance, c'est le devenir, la temporalité, l'impermanence mobile du temps – et donc, dans notre perspective, le drame de l'exil. La souffrance est en effet le résultat des réincarnations successives, chacune étant conditionnée par une existence antérieure : « Il n'y a aucun espoir pour le monde, dit Bouddha, il ne fait que tourner comme une roue. »

La migration bouddhique est très significative : l'exil y est en son centre mais il est de toutes parts nié. Bouddha refuse l'expérience de la séparation, même s'il a une immense compassion pour la souffrance qu'elle entraîne. L'exil y est la condition fondamentale de toute existence. Tout enracinement est souffrance et illusion. Il n'y a pas de point de départ dans la succession infinie des réincarnations de l'âme. La sortie de ce cycle n'est pas un exil mais la négation totale de tout enracinement et de tout exil, que l'éveillé espère atteindre, dans ce monde-ci de la souffrance, par la compassion, le détachement et l'ascétisme. Il y a donc dans cette économie d'existence encore moins de « retour » car la sortie y conduit à l'état de nulle part, à la condition de non-être et de non-conscience... La présence est atteinte ici dans l'annulation de tous les temps et la dénégation du passage propre à la temporalité.

Cette migration de l'âme a connu des économies différentes dans la modernité qui s'est vécue comme un messianisme de la présence réalisée. Sur la table rase du passé, l'homme y était censé renaître, enfin libre et autonome, dieu pour lui-même. La modernité a ainsi été une mystique de la présence, se reposant uniquement sur le futur mais éradiquant totalement le passé. L'antécédent ne posait plus de problèmes. Il se voyait dénié. Cela entraînait deux conséquences irrésistibles, que nous pouvons mieux saisir à la lumière de ce que nous avons compris de la temporalité. Le passé ne disparaissant pas, il est devenu l'inconscient obsédant et démoniaque de la modernité tandis que son futur ne fut qu'une projection volontariste – l'utopie – d'un présent inconsistant parce qu'il ne transsubstantiait pas le passé, un présent réduit à l'animation frelatée et artificielle des « spots » de l'ère de l'information. La présence a ainsi déserté la modernité qui n'a vécu que du mythe de sa réalisation. L'homme moderne fut un homme productif qui voulut rendre présentes les richesses cachées de la terre, les richesses au passé. Il tira ainsi du passé le maximum de biens, de présence possible, sans pour autant le reconnaître comme tel et le clarifier. L'abondance du surcroît fut *exploitée*, utilisée dans la finalité d'un présent clos : ainsi vit-on ce phénomène étrange d'une abondance vécue comme une pénurie (*cf.* les désordres de la surproduction dans l'économie actuelle) ou engendrant la pénurie (les effets de la mondialisation par exemple). La modernité fut ainsi un temps s'investissant uniquement dans le futur et qui, par conséquent, « perdit » son passé et vécut dans un présent artificiel, déserté par la présence. Le vide spirituel, le vide de l'âme si caractéristique du XXe siècle, en est la figure la plus forte.

Cette réalité eut trois conséquences qu'incarnèrent trois postures de l'âme moderne. La posture productiviste qui exploite le présent et y gaspille toute la présence, incapable d'assumer l'abondance dans l'être. C'est l'attitude de l'*homo economicus* qui fait du retrait et de l'absence une ressource exploitable de présent, sans laisser la présence y apparaître dans ses traits propres. Face à ce modèle universel, certains prennent conscience de la vanité et de la grossièreté d'un tel rapport au temps et au monde. Ils en retirent une attitude nihiliste qui les pousse à se défier du futur et avant tout de ce présent creux dont la manifestation incessante et bombastique discrédite l'idée même de la présence. Ce nihilisme morbide peut donner naissance à une variante : le cynisme dandy, profondément persuadé du néant du présent (moderne), mais qui se fait un point d'honneur de s'y investir totalement comme par dérision, avec tout le clinquant possible d'une présence simulée... Face à ce paysage de fin de modernité, grande est la tentation de l'ermitage bouddhiste, du salut de l'âme trouvé dans le renoncement total. Car l'âme étouffe dans le monde actuel : sa migration ne se fait plus. Le futur s'est effondré avec les utopies, le passé semble irrémédiablement extérieur à la conscience, lointain, et le présent s'avère un néant.

À cette modernité égarée, la sagesse de l'exil et du retour ouvre une voie de salut qui fraie à l'humanité un au-delà de la modernité insoupçonné. La modernité a dénié l'exil, l'idée que l'âme était en exil dans ce monde qu'elle a voulu totalement habiter en en chassant le plus radicalement possible l'étrangeté, éradiquant ses nids de fixation qu'étaient la tradition et la religion. L'enfermement de tous les peuples dans l'État-nation a traduit très concrètement cette exclusion de l'étrangeté avec la fièvre naturaliste dont il fut l'occasion. La modernité s'est voulue incarner la fin de l'exil et de la souffrance, l'accès à la présence, sans l'ascèse du renoncement ou de l'attente. L'utopie donna forme à ce désir de présence totale. Comme nous l'avons vu, ce messianisme frelaté n'a abouti qu'à un déracinement universel de l'humanité. La nouvelle ère de l'information a pulvérisé la socialité (télétravail, désubstantialisation de la relation humaine, dépersonnalisation de l'échange social, mobilité du travail et migrations massives de populations défavorisées, etc.). La fin de la modernité nous fait assister à une diasporisation du monde, une condition qui ne peut que rendre malheureux les hommes qui vivent dans la conscience de l'enracinement dans le présent, comme si la présence était advenue, comme s'il n'y avait plus rien à attendre (c'est là l'éthique de la société de consommation, ultime tentative de faire écran au néant du présent moderne). À l'attrait du nihilisme et du renoncement s'ajoutent les tentatives du ré-enracinement, d'affirmation revendicative des racines, de négation, en fait, du mouvement même de la migration de l'âme. On réinvestit la tradition, le passé, en oubliant que la tradition elle-même était un exil : elle n'est plus portée que par des philistins qui se prennent pour ses ayants droit...

L'exilé a encore à faire entendre son message à l'humanité, aux âmes égarées qui butent sur ces hautes murailles. Sa sagesse aidera en effet un monde qui, au fond de lui-même, à travers le déracinement de fait qui frappe partout les hommes aujourd'hui, a compris – jusque dans les structures de son existence collective – que l'homme est partout un étranger. La conscience de l'exil peut l'aider à assumer cette donnée de son existence. Pas dans le tragique, ni dans le renoncement à la quête de la présence, mais en comprenant, au contraire, que l'étrangeté est dans la présence et que c'est à travers elle que celle-ci se manifeste. L'exil peut aussi faire quelque chose de plus que de libérer la conscience de l'impasse du déracinement et de l'enracinement. Il ne suffit pas en effet de remettre en route l'âme des modernes. La sagesse du retour – tel que nous l'avons compris – peut également l'aider à racheter la perversion du futur que mirent en œuvre les utopies de la modernité. Elles cherchaient à atteindre la présence et en devinrent des caricatures si stridentes que le futur en est ressorti en ruines... Rouvrir la voie de l'exil pour retrouver le sens du retour, c'est restaurer l'espérance, redonner une signification à la présence, ne plus faire de l'abondance un calvaire mais une joie possible. Alors reprendra la migration de l'âme pour – cette fois au bout de la modernité et de l'illusion de la présence réalisée – ouvrir les vannes de l'ère du retour de l'exilé, de la sortie hors de l'exil.

TABLE DES MATIÈRES

DU MÊME AUTEUR

Le Récit de la disparue, Paris, Gallimard, 1977, réédité *in* Folio Gallimard, 2001.
La Nouvelle Question juive, Paris, Gallimard, 1979.
La République et les Juifs, Paris, Les Presses d'aujourd'hui, 1982.
La Demeure oubliée, Paris, Lieu commun, 1984, réédité *in* Tel-Gallimard, 1994.
Philosophie de la loi, Paris, Le Cerf, 1991.
Un exil sans retour ?, Paris, Stock, 1996.
La Séparation d'amour, Paris, Arléa, 1998.
L'Idéal démocratique à l'épreuve de la Shoa, Paris, Odile Jacob, 1999.
Le monothéisme est un humanisme, Paris, Odile Jacob, 2000.

Sous sa direction :

Le Second Israël, Paris, *Les Temps modernes*, 1979.
Penser Auschwitz, Paris, Le Cerf, 1989.
La société juive à travers l'histoire.
Tome 1. *La Fabrique du peuple*, Paris, Fayard, 1992.
Tome 2. *Les Liens de l'alliance*, Paris, Fayard, 1992.
Tome 3. *Le Passage d'Israël*, Paris, Fayard, 1993.
Tome 4. *Le Peuple monde*, Paris, Fayard, 1993.
L'École de pensée juive de Paris, Paris, In Press, 1998.
Où va le judaïsme ?, Paris, In Press, 1998.
Psychanalyse et judaïsme, Paris, In Press, 1999.
Le Juif caché. Marranisme et Modernité, Paris, In Press, 2000.

En collaboration :

Rigueur et passion, Paris, Le Cerf, 1994.
La Religion comme science, Paris, Le Cerf, 1994.
Les Figures du Messie, Paris, In Press, 1998.
Levinas, philosophie et judaïsme, Paris, In Press, 1999.
La Mémoire sépharade, Paris, In Press, 2000.

Collection dirigée par Lidia Breda

Déjà parus

Marc Augé, *Les Formes de l'oubli*
Bruce Benderson, *Sexe et solitude*
Michel Cassé, *Théories du ciel*
Catherine Chalier, *De l'intranquillité de l'âme*
Malek Chebel, *Du désir*
Gabriel Matzneff, *De la rupture*
Dominique Noguez, *Les Plaisirs de la vie*
Jackie Pigeaud, *Poésie du corps*
Pierre Sansot, *Du bon usage de la lenteur*
Pierre Sansot, *Chemins aux vents*
Fernando Savater, *Pour l'éducation*
Michel Surya, *De l'argent*
Chantal Thomas, *Comment supporter sa liberté*

Cet ouvrage a été imprimé par la
SOCIÉTÉ NOUVELLE FIRMIN-DIDOT
Mesnil-sur-l'Estrée
pour le compte des Éditions Payot & Rivages
en décembre 2000

Imprimé en France
Dépôt légal : décembre 2000
N° d'impression : 53858

l'exil arrache
d'un anonymat
maîtrisé pour enfoncer
dans un anonymat
qui maîtrise

Waberi : Un pays ~~sans~~ sans ombres
une écriture sans nom